教育部高等学校食品与营养科学教学指导委员会推荐教材
普通高等教育食品科学与工程类"十二五"规划实验教材

食品分析实验

丁晓雯　主编

U0215360

中国林业出版社

内 容 简 介

　　全书包括水分、灰分、糖、脂、蛋白质、维生素等营养成分的测定方法，食品防腐剂的测定方法，食品中有毒有害物质的测定方法、综合实验和研究性设计等内容，共计 22 个实验。

　　本书可供高等院校的食品科学与工程、食品质量与安全等专业学生作为实验教材使用，也可供从事食品生产、监督的有关科技人员参考。

图书在版编目（CIP）数据

食品分析实验/丁晓雯主编 . —北京：中国林业出版社，2012.8

教育部高等学校食品与营养科学教学指导委员会推荐教材　普通高等教育食品科学与工程类“十二五”规划实验教材

ISBN 978-7-5038-6686-9

　Ⅰ.①食…　Ⅱ.①丁…　Ⅲ.①食品分析 – 高等学校 – 教材 ②食品检验 – 高等学校 – 教材　Ⅳ.①TS207.3

中国版本图书馆 CIP 数据核字（2012）第 164876 号

中国林业出版社·教材出版中心

策划、责任编辑：高红岩

电话：83221489　83220109　　　　　　传真：83220109

出版发行	中国林业出版社（100009　北京市西城区德内大街刘海胡同 7 号） E-mail：jiaocaipublic@163.com　电话：（010）83224477 http：//lycb. forestry. gov. cn
经　销	新华书店
印　刷	中国农业出版社印刷厂
版　次	2012 年 8 月第 1 版
印　次	2012 年 8 月第 1 次印刷
开　本	787mm×1092mm　1/16
印　张	9.5
字　数	210 千字
定　价	18.00 元

普通高等教育食品科学与工程类"十二五"规划实验教材

编写指导委员会

《食品分析实验》编写人员

主　编　丁晓雯

副主编　张英华　韩俊华　王　军

编　者　（按拼音排序）

　　　　陈燕卉（中国农业大学）

　　　　丛　健（上海海洋大学）

　　　　丁晓雯（西南大学）

　　　　郭　鸽（东北农业大学）

　　　　韩俊华（河北科技大学）

　　　　金玉红（山东农业大学）

　　　　李巨秀（西北农林科技大学）

　　　　王　聪（东北农业大学）

　　　　王　军（中国农业大学）

　　　　肖治理（华南农业大学）

　　　　张普生（西南大学）

　　　　张英华（东北农业大学）

　　　　郑　炯（西南大学）

前　言

随着食品工业的发展和人民生活水平的提高，人们对食品的要求也从过去的能够果腹到现在不仅要求色、香、味、形俱佳，更要求有好的质量和特色。由于环境污染、农用化学品、食品添加剂的滥用等问题的不断出现，使食品的质量安全问题越来越突出，已引起广大消费者及政府的极大关注。而要判定食品质量的优劣，食品分析检测手段的应用是必不可少的。

本书参考了国内外众多高校和国家标准的相关资料，结合当前教学实际，根据课程性质和激发学生学习兴趣、综合应用知识能力的培养等要求编写而成。教材定位于食品类专业应用型本科教学，坚持科学性、先进性和适用性的原则。

本书结合实际工作的需求，共编写了 22 个实验，主要介绍了食品基本质量指标如水分、灰分和酸度的测定方法；食品营养成分如糖类（总糖、膳食纤维）、脂肪（粗脂肪、牛乳中脂肪）、蛋白质、维生素（维生素 C、维生素 A）的测定方法；有毒有害物质如甲醇、亚硝酸盐、丙烯酰胺、反式脂肪酸、黄曲霉毒素、有机磷农药和有害元素汞、镉、铅、砷的测定方法。在实验手段方面，不仅编写了基础的标准溶液的配制、标定，标准曲线的绘制、回归方程的求得，滴定法、比色法等内容，还适应实验仪器快速发展和综合应用的需求，在实验内容中编写了气相色谱法、液相色谱法、原子吸收法、原子荧光法的应用。为了培养学生综合应用知识，判断食品品质的能力，编写了综合实验，如汞、铅、镉、砷的测定，黄曲霉毒素 B_1、B_2、G_1、G_2 的测定，食用植物油脂酸败指标的比较测定，鲜肉新鲜度的检验等内容；为了进一步使学生掌握食品分析的技能，具有一定的综合利用所学知识设立检测指标的能力，给出了 2 个研究性实验设计的题目，实验指导教师和学生可以根据需要和兴趣延伸出更多的题目。

本书对食品分析实验知识的介绍突出了系统性、先进性和可操作性，但由于篇幅和实验教学要求所限，不可能将与食品有关的每种物质的检测方法都编写入内。只要掌握了一类方法的原理和技术，就可以起到举一反三的作用。因此，本书不仅适合于高等院校食品科学相关专业学生作为实验教材使用，而且适于从事食品生产、食品质量管理的各类工作人员参考。

本书由西南大学丁晓雯负责全书的统稿工作，并编写内容简介、前言及实验六中的"乙酰丙酮比色法""水杨酸比色法"，实验七中的"氯仿-甲醇提取法"，实验九中的

"荧光法"，实验十二中的"快速法"，实验十五中的"酶联免疫试剂盒快速测定食品中黄曲霉毒素 B_1"，实验十六中的"禁用防腐剂的定性"，实验十七中的"快速检测法"；肖治理编写第一章和实验八；郑炯编写实验一和实验十五中的"高效液相色谱法"；张英华编写实验二和实验十八；金玉红编写实验三，金玉红、韩俊华编写实验十一中的"气相色谱法测定蒸馏酒中甲醇及高级醇""比色法测定蒸馏酒中甲醇"；李巨秀编写实验四和实验五；丛健编写实验六中的"微量凯氏定氮法"和实验十七中的"气相色谱法"；陈燕卉编写实验七中的"索氏提取法"和实验十四；郭鸰编写实验九中的"钼蓝比色法""紫外分光光度法"和实验十六中的"高效液相色谱法"；韩俊华编写实验十和实验十一中的"比色法测定蒸馏酒中杂醇油"；王聪编写实验十二中的"比色法"和实验十三；王军编写实验十九和实验二十；张普生编写第三章"附录"。

　　由于编者的水平和时间所限，书中不妥之处请广大读者批评指正。

编者

2012 年 2 月

目　录

第一章　实验室基本知识

一、食品分析实验室安全规则

(一)实验室安全管理

1. 实验室应有专人管理,应在显眼位置张贴实验室规章制度和安全守则以及管理人员的联系电话,对可能出现的事故应制订应急处理程序或预案。
2. 实验室应做好防盗、防火措施。
3. 进入实验室的教学班次应有记录。
4. 不准在实验室吸烟、进食(感官评定实验除外)。
5. 最后离开实验室的人员要检查水、电、门窗等是否关闭,确认安全无误方可离开。

(二)实验室试剂管理

1. 试剂应分类、有序存放,取用登记。对字迹不清的标签要及时更换;过期和没有标签的药品不能使用,并要进行妥善处理。
2. 存放有高度危险性化学试剂或样品(如腐蚀、易燃、易爆、有毒、生物危险和放射性试剂等)以及易燃液体和气体的位置应远离实验操作区,远离热源和火源,并应当采取其他安保措施,如设置可锁闭的门、可锁闭的冷冻箱,限制人员进入等。有条件的实验室应在使用腐蚀性和危险化学品的位置附近设置洗眼和应急喷淋装置。
   受光照易变质的化学试剂应存放在阴凉通风处。
3. 剧毒试剂应专柜存放,双人双锁保管。
4. 配制的试剂应贴标识,注明试剂名称、浓度、配制时间及配制人;除有特殊规定外,存放期不应超过3个月。
5. 实验室废气排放、排污和排水通道应保持通畅。有毒有害的废液、废渣应使用专用的废弃物容器分类收集、存放并集中处理。

(三)学生实验安全须知

1. 学生进入实验室应穿实验服。
2. 实验中应保持实验室光线充足、通风良好。
3. 实验前充分预习,了解实验规程及注意事项。
4. 了解试剂的性质,对腐蚀、易燃、易爆、有毒的试剂,取用应特别注意,防止意外发生。接触有毒或有腐蚀性药品应佩戴手套,取用的管、皿及容器应清洗干净。

5. 涉及有毒或刺激性气体的实验操作必须在通风橱内进行。

6. 进行有危险性的实验时，应检查好防护措施再操作，实验中做好监护，不擅自离开。

7. 使用高温、高压、真空设备应特别小心，严格遵守实验规程。

8. 使用玻璃仪器应轻取轻放，防止破裂。

9. 注意废液、废渣的分类回收。

10. 注意用水、用电安全。

11. 发现意外应立即报告老师，及时处理。

12. 实验结束后应认真洗手，做好实验室的清洁。离开实验室前应切断水、电、气。

二、食品分析实验守则

（一）实验前的准备

1. 教师应提前向学生发放实验教材或讲义、进行预实验，按分组（每组一般不超过3人）准备好实验试剂、药品及仪器，写好板书。

2. 学生实验前应认真预习，熟悉实验原理、实验内容、操作步骤及注意事项。

（二）实验过程须知

1. 应严格遵守《实验室安全规则》。

2. 实验开始前一般应由教师讲解实验步骤及注意事项，解答学生的疑问。

3. 实验过程应保持实验室的整洁有序，天平、烘箱、水浴锅、通风橱等公用仪器设备用后及时清理，公用试剂、用品取用后应及时放回原处。

4. 严格遵守实验操作规范，避免失误、减少误差，保证数据的可靠性。

5. 使用仪器设备前，应仔细阅读说明，熟悉操作步骤后才动手操作，必要时向老师求助咨询。

6. 实验过程应仔细观察、勤于思考，及时记录实验数据及实验现象，灵活运用理论知识解释实验现象和问题。

7. 实验中小组成员应分工明确、团结协作、相互理解、互相配合。

8. 仪器设备出现损坏的应进行登记，实验过程中出现异常现象或遇到危险应立即报告老师。

9. 实验完成后，应清洁实验台面，清洗并清点实验用品，摆放整齐后离开。实验室公共卫生应安排学生轮值。

（三）实验报告撰写

1. 实验报告应使用统一格式的实验报告纸手写，顶部写上实验名称、姓名、班级、学号、实验日期等，正文部分应包括实验原理、试剂与仪器、操作步骤、实验结果、分析与讨论几个部分。

2. 实验报告应独立完成、严禁抄袭、格式正确、书写工整、数据处理科学、计算正确、分析与讨论科学合理。试剂与仪器只需列出实际使用的即可；操作步骤应简明扼要，可以采用流程图的形式，同时应描述实验现象；数据处理与结果计算中，应当完整列出原始数据和计算公式，实验数据或结果可以适当采用图表进行说明，计算过程应注意有效数字和修约规则，结果的量和单位应采用我国的法定计量单位；分析与讨论可以包括对实验结果的评价、出现异常结果的原因分析、实验成功的经验、操作的失误与不足、对实验现象的解释、实验后的心得体会、改进建议等。

（肖治理）

第二章　实　验

实验一　食品中水分的测定

Ⅰ　直接干燥法

一、实验目的

掌握直接干燥法测定食品中水分的原理和关键步骤。

二、实验原理

利用食品中水分的物理性质，在 101.3 kPa（一个大气压）、温度 100~105 ℃使样品中水分挥发，测定样品干燥减失的质量，通过干燥前后的称量数值计算出食品中水分的含量。

三、试剂与仪器

1. 试剂

（1）盐酸　优级纯。

（2）氢氧化钠（NaOH）　优级纯。

（3）6 mol/L 盐酸溶液　量取 50 mL 盐酸，加水稀释至 100 mL。

（4）6 mol/L 氢氧化钠溶液　称取 24 g 氢氧化钠，加水溶解并稀释至 100 mL。

（5）海砂　可以自行制备。取海砂或河砂，用水洗去泥土，再用盐酸（6 mol/L）煮沸 0.5 h，用水洗至中性，再用氢氧化钠溶液（6 mol/L）煮沸 0.5 h，用水洗至中性，经 105 ℃干燥备用。

2. 仪器

扁形铝制或玻璃制称量瓶，电热恒温干燥箱，干燥器（内附有效干燥剂，一般为变色硅胶），电子天平（感量 0.1 mg）。

四、操作步骤

（一）固体样品

取洁净铝制或玻璃制的扁形称量瓶，置于 101~105 ℃干燥箱中，瓶盖斜支于瓶边，加热 1.0 h，取出盖好，置于干燥器内冷却 0.5 h，称量，并重复干燥至前后 2 次质量差不超过 2 mg，即为恒重。

将混合均匀的样品磨细至颗粒小于 2 mm，不易研磨的样品应尽可能切碎，称取 2~10 g 样品（精确至 0.1 mg），放入此称量瓶中，样品厚度不超过 5 mm，如为疏松样品，厚度不超过 10 mm，加盖，精密称量后，置 101~105 ℃ 干燥箱中，瓶盖斜支于瓶边，干燥 2~4 h 后，盖好取出，放入干燥器内冷却 0.5 h 后称量。然后再放入 101~105 ℃ 干燥箱中干燥 1 h 左右，取出，放入干燥器内冷却 0.5 h 后再称量。重复以上操作至前后 2 次质量差不超过 2 mg，即为恒重。

注：2 次恒重值在最后计算中，取最后一次的称量值。

（二）半固体或液体样品

取洁净的称量瓶，内加 10 g 海砂及一根小玻棒，置于 101~105 ℃ 干燥箱中，干燥 1.0 h 后取出，放入干燥器内冷却 0.5 h 后称量，并重复干燥至恒重。然后称取 5~10 g 样品（精确至 0.1 mg），置于称量瓶中，用小玻棒搅匀放在沸水浴上蒸干，并随时搅拌，擦去称量瓶底部的水滴，置 101~105 ℃ 干燥箱中干燥 4 h 后盖好取出，放入干燥器内冷却 0.5 h 后称量。以下按上述（一）从"然后再放入 101~105 ℃ 干燥箱中干燥 1 h 左右……"起依相同方法操作。

五、结果计算

样品中水分含量按下式计算：

$$X = \frac{m_1 - m_2}{m_1 - m_3} \times 100$$

式中：X ——样品中水分的含量，%；

m_1——称量瓶（加海砂、玻棒）和样品的质量，g；

m_2——称量瓶（加海砂、玻棒）和样品干燥后的质量，g；

m_3——称量瓶（加海砂、玻棒）的质量，g。

水分含量 ≥1% 时，计算结果保留 3 位有效数字；水分含量 <1% 时，结果保留 2 位有效数字。

在重复性条件下获得的 2 次独立测定结果的绝对差值不得超过算术平均值的 5%。

【思考题】

1. 直接干燥法有什么局限性？对哪些样品不适用？
2. 直接干燥法测得的水分含量中除了水分还包括哪些物质？
3. 测定样品中的水分含量时，加入海砂的作用是什么？

Ⅱ 减压干燥法

一、实验目的
掌握减压干燥法测定食品中水分的原理和方法。

二、实验原理
在达到 40~53 kPa 压力后加热至(60±5) ℃,采用减压烘干方法去除样品中的水分,再通过烘干前后的称量数值计算出水分的含量。

三、仪器
真空干燥箱,扁形铝制或玻璃制称量瓶,内附有效干燥剂的干燥器,分析天平。

四、操作步骤
1. 样品的制备
粉末和结晶样品直接称取;较大块的样品经研钵粉碎,混匀备用。
2. 测定
取已恒重的称量瓶称取 2~10 g(精确至 0.1 mg)样品,放入真空干燥箱内,将真空干燥箱连接真空泵,抽出真空干燥箱内空气(所需压力一般为 40~53 kPa),并同时加热至(60±5) ℃。关闭真空泵上的活塞,停止抽气,使真空干燥箱内保持一定的温度和压力,经 4 h 后,打开活塞,使空气经干燥装置缓缓通入至真空干燥箱内,待压力恢复正常后再打开。取出称量瓶,放入干燥器中 0.5 h 后称量,并重复以上操作至前后 2 次质量差不超过 2 mg,即为恒重。

五、结果计算
样品中水分含量按下式计算:

$$X = \frac{m_1 - m_2}{m_1 - m_3} \times 100$$

式中:X ——样品中水分的含量,%;

m_1 ——称量瓶(加海砂、玻棒)和样品的质量,g;

m_2 ——称量瓶(加海砂、玻棒)和样品干燥后的质量,g;

m_3 ——称量瓶(加海砂、玻棒)的质量,g。

水分含量≥1%时,计算结果保留 3 位有效数字;水分含量<1%时,结果保留 2 位有效数字。

在重复性条件下获得的 2 次独立测定结果的绝对差值不得超过算术平均值的 10%。

【思考题】

1. 减压干燥法适用于哪些样品中水分含量的测定？
2. 干燥器有什么作用？如何正确使用和维护干燥器？

（郑　炯）

实验二　食品中灰分的测定

I　总灰分的测定

一、实验目的

掌握灰分的测定与控制成品质量的关系；掌握灰化条件与样品组分的关系；掌握食品的基本灰化方法。

二、实验原理

先将样品的水分去掉，然后将样品小心地加热炭化和灼烧，除尽有机物质，称取残留的无机物，即可求出总灰分的含量。

本方法适用于各类食品中灰分含量的测定。

三、仪器

高温电炉（马弗炉），耐 1 200 ℃的高温的瓷坩埚，坩埚钳，干燥器，分析天平。

四、操作条件的选择

1. 灼烧温度

一般为 500～600 ℃，多数样品以（525±25）℃为宜。对于不同类型的食品，灰化温度大致如下：

水果及其制品、肉及肉制品、糖及糖制品、蔬菜制品　　　　≤525 ℃

谷类食品、乳制品（奶油除外，奶油≤500 ℃）　　　　　　≤550 ℃

鱼、海产品、酒类　　　　　　　　　　　　　　　　　　≤550 ℃

2. 灼烧时间

以样品灰化完全为度，即重复灼烧至灰分呈白色或灰白色并达到恒重（前后 2 次称量相差不超过 0.5 mg）为止，一般需 2～5 h。

对于谷类饲料和茎秆饲料，灰化时间规定为：600 ℃灼烧 2 h。

五、操作步骤

1. 样品的预处理

（1）样品的采取量　奶粉、大豆粉、调味料、鱼类及海产品等取 1～2 g；谷类食品、肉及肉制品、糕点、牛乳取 3～5 g；蔬菜及其制品、糖及糖制品、淀粉及其制品、奶油、蜂蜜等取 5～10 g；水果及其制品取 20 g；油脂取 50 g。

（2）样品的处理　谷物、豆类等含水量较少的固体试样，粉碎均匀备用；液体样品须先在沸水浴上蒸干水分后备用；果蔬等含水分较多的样品先低温（60～70℃）后高温（95～105℃）的方法烘干，或采用测定水分后的残留物做样品；高脂肪样品可先用乙醚或石油醚提取脂肪后测定灰分。

2. 测定

将洗净并已烘干的瓷坩埚放入高温炉中，在600℃灼烧0.5 h，取出，在干燥器内冷却至室温后称重，重复灼烧至恒重。

取适量样品于坩埚中，在电炉上小心加热，使样品充分炭化至无烟。然后将坩埚移至高温炉中，在500～600℃灼烧至无炭粒（即灰化完全，成灰白色）。将坩埚在高温炉中冷却到200℃以下，再移入干燥器中冷却至室温后称量，重复灼烧至恒重。

注：加速灰化的方法有：①有时由于样品中钾、钠的硅酸盐或磷酸盐熔融包裹在样品形成的炭粒表面，隔绝了炭粒与氧气接触，虽然经高温长时间灼烧，灰分中仍有炭粒残留，不易达到恒重。可将坩埚取出，冷却后加入少量水溶解盐膜，使被包住的炭粒重新游离出来，小心蒸去水分，干燥后再进行灼烧。②添加惰性不溶物，如氧化镁、碳酸钙等，使炭粒不被覆盖。但加入量应做空白试验从灰分中扣除。③加入碳酸铵、过氧化氢、乙醇、硝酸等可加速灰化，而且这类物质在灼烧后完全挥发，不会增加灰分含量。

六、结果计算

样品中灰分含量按下式计算：

$$X_1 = \frac{m_1 - m_0}{m_2 - m_0} \times 100$$

式中：X_1——样品灰分的质量分数，%；

m_0——坩埚的质量，g；

m_1——坩埚和灰分的总质量，g；

m_2——坩埚和样品的总质量，g。

【注意事项】

1. 炭化时应避免样品明火燃烧而导致微粒喷出。只有样品被炭化完全，即不冒烟后才能放入高温炉中。灼烧空坩埚与灼烧样品的条件应尽量一致，以消除系统误差。

2. 对于含糖分、淀粉、蛋白质较高的样品，为防止其发泡溢出，炭化前可加数滴纯植物油。

3. 对于含硫、磷、氯等酸性元素较多的样品，如种子，为了防止高温下这些元素的散失，灰化时必须添加一定量的镁盐或钙盐作为固定剂，使酸性元素与加入的碱性金属元素形成高熔点的盐类固定下来。同时做空白试验，以校正测定结果。

4. 灼烧温度不能超过600℃，否则会造成钾、钠、氯等易挥发成分的损失。

5. 反复灼烧至恒重是判断灰化是否完全最可靠的方法。因为有些样品即使灰化完全，残灰也不一定是白色或灰白色，如铁含量高的食品，残灰呈褐色；锰、铜含量高的食品，残灰呈蓝绿色；有时即使灰的表面呈白色或灰白色，但内部仍有炭粒存留。

6. 新坩埚在使用前须在盐酸溶液中煮沸 1~2 h，然后用自来水和蒸馏水分别冲洗干净并烘干。用过的旧坩埚经初步清洗后，可用盐酸浸泡 20 min 左右，再用水冲洗干净。

Ⅱ　水溶性与水不溶性灰分的测定

一、操作步骤

在总灰分中加水约 25 mL，盖上表面皿，加热至近沸。用无灰滤纸过滤，以 25 mL 热水洗涤，将滤纸和残渣置于原坩埚中。按Ⅰ中方法再进行干燥、炭化、灼烧、冷却、称重。

二、结果计算

样品中水溶性灰分与水不溶性灰分含量按下式计算：

$$X_2 = \frac{m_3 - m_0}{m_2 - m_0} \times 100$$

式中：X_2——样品中水不溶性灰分的质量分数，%；

　　　m_3——坩埚和水不溶性灰分的质量，g；

　　　m_2——坩埚和样品的质量，g；

　　　m_0——坩埚的质量，g。

　　　　　水溶性灰分(%) = 总灰分(%) - 水不溶性灰分(%)

Ⅲ　酸溶性灰分与酸不溶性灰分的测定

一、操作步骤

于水不溶性灰分(或测定总灰分的残留物)中，加入盐酸(1∶9)25 mL，盖上表面皿，小火加热煮沸 5 min。用无灰滤纸过滤，用热水洗涤至滤液无 Cl^- 反应为止。将残留物和滤纸一同放入原坩埚中，进行干燥、炭化、灼烧、冷却、称重如Ⅰ"总灰分的测定"中所述。

二、结果计算

样品中酸溶性灰分与酸不溶性灰分含量按下式计算：

$$X_3 = \frac{m_4 - m_0}{m_2 - m_0} \times 100$$

式中：X_3——样品中酸不溶性灰分的质量分数，%；

m_4——坩埚和酸不溶性灰分的质量，g；

m_2——坩埚和样品的质量，g；

m_0——坩埚的质量，g。

$$酸溶性灰分(\%) = 总灰分(\%) - 酸不溶性灰分(\%)$$

三、说明

检查滤液有无氯离子，可取几滴滤液于试管中，用硝酸酸化，加 1 ~ 2 滴硝酸银试剂，如无白色沉淀析出，表明已洗涤干净，滤液无氯离子存在。

【思考题】

加速样品灰化的方法有哪些？

（张英华）

实验三　食品总酸度和有效酸度的测定

Ⅰ　食品总酸度的测定

一、实验目的
掌握总酸度测定的原理及意义；了解测定总酸度的方法。

二、实验原理
样品中的有机酸用已知浓度的标准碱溶液滴定时中和生成盐类。用酚酞做指示剂，当滴定至终点(pH = 8.2，指示剂显微红色)时，根据标准碱的消耗量计算出样品的含酸量。所测定的酸度称总酸度或可滴定酸度，以该样品所含主要的酸来表示。

三、试剂
1. 0.1 mol/L 氢氧化钠标准溶液

(1)配制　称取110 g 氢氧化钠，溶于100 mL 无 CO_2 的水中，摇匀，注入聚乙烯容器中，密闭放置至溶液清亮。取 5.4 mL 上层清液，用无 CO_2 的水稀释至 1 000 mL 摇匀，得 0.1 mol/L 氢氧化钠溶液。

(2)标定　称取 105 ~ 110 ℃烘至恒重的基准邻苯二甲酸氢钾 0.75 g(精确至 0.1 mg)，溶于 50 mL 无 CO_2 的水中，加 2 滴 1% 酚酞指示液，用配制好的 0.1 mol/L 氢氧化钠溶液滴定至溶液呈粉红色，并保持 30 s，记录消耗的体积。同时做空白试验。

(3)计算　氢氧化钠标准溶液的准确浓度按下式计算：

$$c(NaOH) = \frac{m \times 1\,000}{(V_1 - V_2) \times M}$$

式中：m——邻苯二甲酸氢钾的质量，g；

V_1——氢氧化钠溶液的用量，mL；

V_2——空白试验氢氧化钠溶液用量，mL；

M——邻苯二甲酸氢钾的摩尔质量的数值$[M(KHC_8H_4O_4) = 204.22]$，g/mol。

2. 1% 酚酞乙醇溶液

称取酚酞 1 g 溶解于 100 mL 95% 乙醇中，混匀。

四、操作步骤
(1)称取 20 g 捣碎均匀的样品置于小烧杯中，用约 150 mL 新煮沸并冷却至室温的蒸馏水将其移入 250 mL 容量瓶中，加蒸馏水定容，混匀后用滤纸过滤。

（2）吸取 20 mL 滤液于三角瓶中，加酚酞指示剂 2 滴，用标定后的 0.1 mol/L 氢氧化钠标准溶液滴定至粉红色，持续 30 s 不褪色为终点，记录氢氧化钠溶液消耗的体积。每个样品重复滴定至少 3 次，取其平均值。同时做空白试验。

五、结果计算

样品的总酸度按下式计算：

$$总酸度（\%）= \frac{c \times V \times K}{m} \times \frac{V_2}{V_1} \times 100$$

式中：m——样品的质量或体积，g 或 mL；

　　　V——滴定时消耗标准氢氧化钠溶液的体积，mL；

　　　V_1——滴定时吸取样液的体积，mL；

　　　V_2——样品稀释液总体积，mL；

　　　c——标准氢氧化钠溶液的浓度，mol/L；

　　　K——各种有机酸换算值（苹果酸 0.067，柠檬酸 0.064，酒石酸 0.075，醋酸 0.060、乳酸 0.090），即 1 mmol 氢氧化钠相当于主要酸的克数。

【注意事项】

1. 食品中的酸是多种有机弱酸的混合物，用强碱进行滴定时，滴定突跃不够明显。特别是某些食品本身有较深的颜色，使终点颜色变化不明显，影响滴定终点的判断。此时可通过加水稀释、用活性炭脱色等方式处理样液，或用原试样溶液对照进行终点判断。最好用电位滴定法进行测定，可以大大减少干扰。

2. 总酸度的结果用样品中的代表性酸来计。一般情况下，水果多以柠檬酸（橘子、柠檬、柚子等）、酒石酸（葡萄）、苹果酸（苹果、桃、李等）计；蔬菜以苹果酸计；肉类、家禽类酸度以乳酸计；饮料以柠檬酸计。

3. 浸渍、稀释样品用的蒸馏水中不能含有 CO_2。

4. 含 CO_2 的饮料、酒类等样品先置于 40 ℃ 水浴上加热 30 min 除去 CO_2，冷却后再取样。

【思考题】

1. 食品中总酸度的测定原理是什么？

2. 食品中总酸度测定的操作步骤和注意事项有哪些？

Ⅱ　食品有效酸度的测定

一、实验目的

了解 pH 值测定的原理及意义；熟练使用 pH 计。

二、实验原理

利用 pH 计测定溶液的 pH 值，是将玻璃电极和甘汞电极插在被测样品中，组成一个电化学原电池，其电动势的大小与溶液的 pH 值的关系为：

$$E = E^0 - 0.059 \text{pH}(25℃)$$

即在 25℃时，每相差一个 pH 值单位，就产生 59.1 mV 电极电位，从而可通过对原电池电动势的测量，在 pH 计上直接读出被测试的 pH 值。

三、试剂与仪器

1. pH 缓冲剂的配制

（1）pH = 4.02 标准缓冲溶液（20 ℃）　称取（115 ± 5）℃烘干 2~3 h 的优级纯邻苯二甲酸氢钾 10.12 g 溶于不含 CO_2 的蒸馏水中，稀释至 1 000 mL，混匀即成。

（2）pH = 6.88 的标准缓冲溶液（20 ℃）　称取在（115 ± 5）℃烘干 2~3 h 的优级纯磷酸二氢钾 3.39 g 和优级纯无水磷酸氢二钠 3.53 g 溶于不含 CO_2 的蒸馏水中，稀释至 1 000 mL，混匀即成。

（3）pH = 9.22 的标准缓冲溶液（20 ℃）　称取硼砂 3.80 g 溶于不含 CO_2 的蒸馏水中，稀释至 1 000 mL，混匀即成。

2. 仪器

pH 计，复合电极。

四、操作步骤

1. 样品处理

（1）新鲜果蔬样品　将其各部位混合捣碎，取均匀汁液测定。

（2）罐藏制品　将内容物倒入组织捣碎机中，加少量蒸馏水（一般 100 g 样品加蒸馏水的量少于 20 mL 为宜），捣碎均匀，过滤，取滤液进行测定。

（3）生肉和果蔬干制品　称取 10 g（肉类去油脂）搅碎的样品，放入加有 100 mL 新煮沸冷却的蒸馏水中，浸泡 15~20 min，并不时搅拌，过滤，取滤液进行测定。

（4）牛乳、果汁等液体样品　可直接取样测定。

（5）布丁、土豆沙拉等半固体样品　可以在 100 g 样品中加入 10~20 mL 蒸馏水，搅拌均匀成试液。

2. 仪器校正

开启 pH 计电源，预热 30 min，连接复合电极。按照 pH 计使用说明书进行校正。

3. 样品测定

用新鲜蒸馏水冲洗电极和烧杯，再用样品试液洗涤电极和烧杯，烧杯中装入适量样品试液，置于磁力搅拌器上，加入适当大小的转子调整转速，使试液混合均匀，然后将电极浸入样品试液中。读取 pH 计显示的 pH 值即为被测样品试液的 pH 值。测量完毕后，将电极和烧杯洗干净，将电极浸泡于饱和氯化钾溶液中，妥善保存。

【注意事项】

1. 样品试液制备后应当立即测定，不宜久存。
2. 久置的复合电极初次使用时，一定要先在饱和氯化钾溶液中浸泡 24 h 以上。

【思考题】

1. pH 计测定食品有效酸度的原理是什么？
2. 请写出 pH 计测定食品有效酸度的步骤及注意事项。

（金玉红）

实验四　总糖的提取和测定

食品中的总糖通常是指具有还原性的糖(葡萄糖、果糖、乳糖、麦芽糖等)和在测定条件下能水解为还原性单糖的蔗糖的总称。总糖反映的是食品中可溶性单糖和低聚糖的总量,其含量高低对产品的色、香、味、组织形态、营养价值等均有一定影响。

总糖的测定通常以还原糖的测定方法为基础。

一、实验目的

掌握总糖的提取方法;掌握菲林试剂法在糖类测定中的原理和注意事项。

二、实验原理

总糖是可溶性单糖和低聚糖的总量。样品经处理除去蛋白质等杂质后,加入盐酸,在加热条件下使低聚糖水解为还原性单糖以菲林试剂法直接测定水解后样品中的还原糖总量。

1. 总糖提取用提取剂、澄清剂

(1)提取剂　常用的提取剂主要有乙醇和水。

①乙醇溶液:最常见的可溶性糖提取剂。通常用终浓度80%的热乙醇溶液,至少提取2次,保证可溶性糖提取完全。

②水:可溶性糖可以用温度为40~50 ℃的水进行提取。水作为提取剂时,一些易溶于水的物质会进入提取液中,如色素、蛋白质、可溶性果胶、可溶性淀粉、有机酸等,对可溶性糖的测定干扰较大。水果及其制品中含有较多有机酸,为防止蔗糖等低聚糖在加热时被部分水解,提取液pH值应调节为中性。

(2)澄清剂

①中性乙酸铅:最常用。中性乙酸铅可除去蛋白质、果胶、有机酸、单宁等杂质,其澄清效果明显,不会沉淀样液中的还原糖,在室温下也不会形成铅糖复合物。但它的脱色能力较差,不宜用于深色样液的澄清。

②乙酸锌-亚铁氰化钾溶液:乙酸锌与亚铁氰化钾反应生成的氰亚铁酸锌沉淀能带走或吸附杂质。该澄清剂去除蛋白质的能力较强,但脱色能力差,适用于色泽较浅、蛋白质含量较高的样液澄清,如乳制品、豆制品。

③硫酸铜-氢氧化钠溶液:由5份硫酸铜溶液(69.28 g $Cu_2SO_4 \cdot 5H_2O$ 溶于1 L水中)和2份1 mol/L氢氧化钠溶液(称取4 g氢氧化钠,加入刚煮沸的水中,定容到100 mL)组成。在碱性条件下,铜离子可使蛋白质沉淀,适合于富含蛋白质样品的澄清。

④碱性乙酸铅:能除去蛋白质、有机酸、单宁等杂质,又能凝聚胶体。该澄清剂能生成体积较大的沉淀,可带走部分糖;过量的碱性乙酸铅可因其碱度及铅糖的形成而改

变糖类的旋光度。该澄清剂主要用于处理深色样品。

⑤氢氧化铝溶液(铝液)：氢氧化铝能凝聚胶体，可用于浅色样品液的澄清或作为附加澄清剂。

⑥活性炭：能除去植物样品中的色素，但能吸附糖类，特别是蔗糖损失达6% ~ 8%。

2. 提取剂、澄清剂的应用

若用中性乙酸铅作为澄清剂时，一般先向样液中加入 1 ~ 3 mL 乙酸铅饱和溶液(约30%)，充分混合后静止 15 min，向上层清液中加入几滴中性乙酸铅溶液，上层清液中如无新的沉淀形成，说明杂质已完全沉淀；如果有新的沉淀形成，再加入几滴中性乙酸铅，混匀并静置几分钟。如此重复直至无沉淀产生为止。

用乙酸锌-亚铁氰化钾溶液作为澄清剂时，用量一般是 50 ~ 75 mL 样品液中加入乙酸锌溶液和亚铁氰化钾溶液各 5 mL。

用硫酸铜-氢氧化钠作为澄清剂时，一般在 50 ~ 75 mL 的样液中加入 10 mL 硫酸铜溶液(69.28 g/L)和 4 mL 氢氧化钠溶液(1 mol/L)。

三、试剂与仪器

1. 试剂

(1)碱性酒石酸铜甲液　称取 15 g 硫酸铜($CuSO_4 \cdot 5H_2O$)及 0.05 g 亚甲蓝，溶于水中并稀释至 1 000 mL。

(2)碱性酒石酸铜乙液　称取 50 g 酒石酸钾钠、75 g 氢氧化钠，溶于水中，再加入 4 g 亚铁氰化钾，完全溶解后，用水稀释至 1 000 mL，贮存于橡胶塞玻璃瓶内。

(3)219 g/L 乙酸锌溶液　称取 21.9 g 乙酸锌，加 3 mL 冰乙酸，加水溶解并稀释至 100 mL。

(4)106 g/L 亚铁氰化钾溶液　称取 10.6 g 亚铁氰化钾，加水溶解并稀释至 100 mL。

(5)40 g/L 氢氧化钠溶液　称取 4 g 氢氧化钠，加水溶解并稀释至 100 mL。

(6)盐酸溶液(1 + 1)　量取 50 mL 盐酸，加水稀释至 100 mL。

(7)葡萄糖标准溶液　称取 1 g(精确至 0.1 mg)经过 98 ~ 100 ℃ 干燥 2 h 的葡萄糖，加水溶解后加入 5 mL 盐酸，并以水稀释至 1 000 mL。此溶液每毫升相当于 1.0 mg 葡萄糖。

(8)果糖标准溶液　称取 1 g(精确至 0.1 mg)经过 98 ~ 100 ℃ 干燥 2 h 的果糖，加水溶解后加入 5 mL 盐酸，并以水稀释至 1 000 mL。此溶液每毫升相当于 1.0 mg 果糖。

(9)乳糖标准溶液　称取 1 g(精确至 0.1 mg)经过 (96 ± 2) ℃ 干燥 2 h 的乳糖，加水溶解后加入 5 mL 盐酸，并以水稀释至 1 000 mL。此溶液每毫升相当于 1.0 mg 乳糖。

(10)转化糖标准溶液　准确称取 1.052 6 g 蔗糖，用 100 mL 水溶解，置具塞三角瓶中，加 5 mL 盐酸(1 + 1)，在 68 ~ 70℃ 水浴中加热 15 min，取出放置至室温，转移至 1 000 mL 容量瓶中并定容至 1 000 mL。该溶液每毫升相当于 1.0 mg 转化糖。

2. 仪器

25 mL 酸式滴定管，带石棉板的可调电炉。

四、操作步骤

1. 试样处理

（1）含蛋白质的食品　称取粉碎后的固体试样 2.5~5 g（精确至 0.001 g），混匀后的液体试样 5~25 g，置于 250 mL 容量瓶中，加 50 mL 水，慢慢加入 5 mL 乙酸锌溶液及 5mL 亚铁氰化钾溶液，加水至刻度，混匀，静置 30 min，用干燥滤纸过滤，弃去初滤液，取续滤液备用。

（2）含大量淀粉的食品　称取 10~20 g 粉碎后或混匀后的试样（精确至 0.001 g），置于 250 mL 容量瓶中，加 220 mL 水，在 45 ℃水浴中加热 1 h，并时时振摇。取出，冷后加水至刻度。混匀，静置，沉淀。吸取 200 mL 上清液置另一 250 mL 容量瓶中，慢慢加入 5 mL 乙酸锌溶液及 5 mL 亚铁氰化钾溶液，加水至刻度，混匀，静置 30 min，用干燥滤纸过滤，弃去初滤液，取续滤液备用。

（3）酒精饮料　称取约 100 g 混匀后的试样（精确至 0.01 g），置于蒸发皿中，用氢氧化钠（40 g/L）溶液中和至中性，在沸水浴上蒸发至原体积的 1/4 后，移入 250 mL 容量瓶中，慢慢加入 5 mL 乙酸锌溶液及 5 mL 亚铁氰化钾溶液，加水至刻度，混匀，静置 30 min，用干燥滤纸过滤，弃去初滤液，取续滤液备用。

（4）碳酸类饮料　称取约 100 g 混匀后的试样（精确至 0.01 g），置于蒸发皿中，在沸水浴上加热搅拌除去 CO_2 后，移入 250 mL 容量瓶中，并用水洗涤蒸发皿，洗液并入容量瓶中，再加水至刻度，混匀后备用。

2. 样液的水解

分别吸取 2 份 50 mL 的上述试样处理液于 100 mL 容量瓶中，其中一份加 5 mL 盐酸（1+1），在 68~70 ℃水浴中加热 15 min，取出冷后加 2 滴甲基红指示液，用氢氧化钠溶液（200 g/L）中和至中性（颜色为黄色），加水至刻度，混匀；另一份直接加水稀释至刻度。

3. 标定碱性酒石酸铜溶液（菲林试剂）

吸取 5.0 mL 碱性酒石酸铜甲液及 5.0 mL 碱性酒石酸铜乙液于 150 mL 锥形瓶中，加水 10 mL，加入玻璃珠 2 粒，从滴定管滴加约 9 mL 葡萄糖或其他还原糖标准溶液，控制在 2 min 内加热至沸，趁热以每 2 s 1 滴的速度继续滴加葡萄糖或其他还原糖标准溶液，直至溶液蓝色刚好褪去为终点，记录消耗葡萄糖或其他还原糖标准溶液的总体积。平行测定 3 次，取其平均值，计算每 10 mL（甲、乙液各 5 mL）碱性酒石酸铜溶液相当于葡萄糖的质量或其他还原糖的质量（mg）。

4. 试样溶液的预测

吸取 5.0 mL 碱性酒石酸铜甲液及 5.0 mL 碱性酒石酸铜乙液于 150 mL 锥形瓶中，加水 10 mL，加入玻璃珠 2 粒，控制在 2 min 内加热至沸，保持沸腾以先快后慢的速度从滴定管中滴加试样溶液，并保持溶液呈沸腾状态，待溶液颜色变浅时，以每 2 s 1 滴的速度滴定直至溶液蓝色刚好褪去为终点，记录样液消耗体积。

如果样液中还原糖浓度过高，消耗的体积较少，应适当稀释后再进行正式测定，使每次滴定消耗样液的体积控制在与标定碱性酒石酸铜溶液时所消耗的还原糖标准溶液的体积相近，约 10 mL。

如果样液中还原糖浓度过低，则采取免去加水 10 mL，直接加入 10 mL 样品液，再用还原糖标准溶液滴定至终点，记录消耗的体积与标定时消耗的还原糖标准溶液体积之差，相当于 10 mL 样液中所含还原糖的量。

5. 试样溶液的测定

吸取 5.0 mL 碱性酒石酸铜甲液及 5.0 mL 碱性酒石酸铜乙液于 150 mL 锥形瓶中，加水 10 mL，加入玻璃珠 2 粒，从滴定管滴加比预测体积少 1 mL 的试样溶液至锥形瓶中，在 2 min 内加热至沸，保持溶液呈沸腾，继续以每 2 s 1 滴的速度滴定，直至蓝色刚好褪去为终点，记录样液消耗体积。平行操作 3 份，得出样液的平均消耗体积。

五、结果计算

按下式计算样品中总糖的含量：

$$总糖量（以转化糖计）（\%） = \frac{m_1}{m_2 \times \dfrac{50}{V_1} \times \dfrac{V_2}{100} \times 1\,000} \times 100$$

式中：m_1——10 mL 碱性酒石酸铜溶液相当的转化糖质量，mg；

V_1——样品处理液总体积，mL；

V_2——测定时消耗样品水解液体积，mL；

m_2——样品质量，g。

【注意事项】

1. 总糖测定结果一般以转化糖或葡萄糖计，要根据产品的质量指标要求而定。如用转化糖表示，应该用标准转化糖溶液标定碱性酒石酸铜溶液；如用葡萄糖表示，则应该用标准葡萄糖溶液标定碱性酒石酸铜溶液。

2. 滴定时要保持溶液呈沸腾状态，使上升蒸汽阻止空气侵入滴定反应体系中。

【思考题】

1. 试述菲林试剂法测定还原糖的原理。

2. 用菲林试剂法测定还原糖时，为什么要一直保持溶液呈沸腾状态？

（李巨秀）

实验五　膳食纤维的测定

Ⅰ　总膳食纤维的测定

一、实验目的

掌握膳食纤维的分类和测定原理。

二、实验原理

干燥试样经 α–淀粉酶、蛋白酶和葡萄糖苷酶酶解消化，去除蛋白质和淀粉后，得到的样液用乙醇沉淀、过滤、干燥后称重即为总膳食纤维残渣；另取试样经上述 3 种酶酶解后直接过滤，残渣用热水洗涤，经干燥后称重，即得不溶性膳食纤维残渣；滤液用 4 倍体积的 95% 乙醇沉淀、过滤、干燥后称重，得可溶性膳食纤维残渣；以上所得残渣干燥称重后，分别测定其中蛋白质和灰分的含量。

总膳食纤维(TDF)、不溶性膳食纤维(IDF)和可溶性膳食纤维(SDF)的残渣扣除蛋白质、灰分和空白，即可计算出试样中总的、不溶性和可溶性膳食纤维的含量。

三、试剂与仪器

1. 试剂

(1)热稳定 α–淀粉酶溶液，淀粉葡萄糖苷酶溶液，蛋白酶　购回后于 0 ~ 5 ℃冰箱贮存。

(2)石油醚　沸程 30 ~ 60 ℃。

(3)85% 乙醇溶液　取 850 mL 无水乙醇，用水稀释至 1 000 mL，混匀。

(4)78% 乙醇溶液　取 780 mL 无水乙醇，用水稀释至 1 000 mL，混匀。

(5)蛋白酶(50 mg/mL)　0.05 mol/L MES – Tris 缓冲液配制。根据测定样品的数量决定要配制多少酶液，现用现配。

(6)酸洗硅藻土　取 200 g 硅藻土于 600 mL 的 2 mol/L 盐酸(量取浓盐酸 180 mL，用水稀释至 1 000 mL，混匀即可)中，浸泡过夜，过滤，蒸馏水洗至滤液为中性，将硅藻土置于(525 ±5) ℃马弗炉中灼烧灰分后备用。

(7)重铬酸钾洗液　100 g 重铬酸钾用 200 mL 蒸馏水溶解，加入 1 800 mL 浓硫酸混合均匀。

(8)0.05 mol/L MES – Tris 缓冲液　称取 19.52 g MES 和 12.2 g Tris，用 1.7 L 蒸馏水溶解，用氢氧化钠溶液调 pH 值至 8.2，加水稀释至 2 L。

注：一定要根据温度调 pH 值，20 ℃时调 pH 值为 8.3；24 ℃时调 pH 值为 8.2；

28 ℃时调 pH 值为 8.1。

(9)3 mol/L 乙酸溶液　取 174 mL 乙酸，加入 700 mL 水，混匀后用水定容至 1 L。

(10)0.4 g/L 溴甲酚绿指示剂　称取 0.1 g 溴甲酚绿于研钵中，加 1.4 mL 0.1 mol/L 氢氧化钠(称取 0.4 g 氢氧化钠，加入刚煮沸的水中，定容至 100 mL)研磨，加少许水继续研磨直至完全溶解，用水稀释至 250 mL。

2. 仪器

真空泵或有调节装置的抽吸器，恒温振荡水浴锅，马弗炉，烘箱，pH 计，干燥器。

四、操作步骤

1. 样品制备

(1)将样品混匀后，70 ℃ 真空干燥过夜，置于干燥器中冷却，干样粉碎后过 0.3 ~ 0.5 mm 筛。若样品不能受热，则采取冷冻干燥后再粉碎过筛。

(2)若样品中脂肪含量小于 10%，用石油醚脱脂，每次每克试样用 25 mL 石油醚，连续 3 次，然后再干燥粉碎。记录由石油醚造成的试样损失，最后在计算膳食纤维含量时进行校正。

(3)若样品糖含量高，测定前按每克试样加 85% 乙醇 10 mL 处理样品 2 ~ 3 次脱糖，40℃干燥过夜。粉碎过筛后的干样存放于干燥器中待测。

2. 试样的酶解

每次分析试样要同时做 2 个试剂空白。

(1)取样　准确称取双份样品(m_1 和 m_2)1.000 0g ± 0.002 0 g，于 400 mL 或 600 mL 高脚烧杯中，加入 pH 8.2 的 MES-Tris 缓冲液 40 mL，在磁力搅拌器上搅拌直至试样完全分散在缓冲液中。

(2)热稳定 α-淀粉酶酶解　加 50 μL 热稳定 α-淀粉酶溶液缓慢搅拌，然后用铝箔将烧杯盖住，于 95 ~ 100 ℃ 的恒温振荡水浴中持续振摇，当温度升至 95 ℃ 开始计时，通常总反应时间 35 min。

(3)冷却　将烧杯从水浴中移出，冷却至 60 ℃，打开铝箔，用刮勺将烧杯内壁的物质以及烧杯底部的胶状物刮下，用 10 mL 蒸馏水冲洗烧杯壁和刮勺。

(4)蛋白酶酶解　在每个烧杯中各加入 50 mg/mL 的蛋白酶溶液 100 μL，盖上铝箔，在(60 ±1) ℃水浴振摇，当样液的温度达 60 ℃时开始计时，反应 30 min。

(5)pH 值测定　30 min 后，打开铝箔盖，边搅拌边加入 3 mol/L 乙酸溶液 5 mL。当样液达到 60 ℃时，调 pH 值约 4.5(以 0.4 g/L 溴甲酚绿为指示剂，该指示剂在 pH 3.8 时呈黄色，pH 5.4 时呈蓝绿色，pH 4.5 时开始有颜色的明显变化)。

注：一定要在 60℃时调 pH 值。

(6)淀粉葡萄糖苷酶酶解　边搅拌边加入 100 μL 淀粉葡萄糖苷酶溶液，盖上铝箔，在(60 ±1) ℃的水浴振摇，样液的温度达到 60 ℃时开始计时，反应 30 min。

3. 测定

(1)总膳食纤维的测定

① 沉淀：在每份试样中，加入预热至 60 ℃的 95%的乙醇 225 mL（乙醇与样液的体积比为 4:1），取出烧杯，盖上铝箔，室温下沉淀 1 h。

② 过滤：用 15 mL 78%的乙醇将硅藻土润湿并铺平在已称重的坩埚中。抽滤，去除乙醇溶液，使硅藻土平铺在坩埚的滤板上。乙醇沉淀处理后的样品酶解液倒入坩埚中过滤，用刮勺和 78%的乙醇将所有残渣转至坩埚中。

③ 洗涤：分别用 15 mL 78%的乙醇、95%的乙醇和丙酮洗涤残渣各 2 次，抽滤去除洗涤液后，将坩埚连同残渣在 105 ℃烘干过夜。将坩埚置于干燥器中冷却 1 h，称重。所得质量减去坩埚和硅藻土的干重，即得残渣的质量。

④ 蛋白质和灰分的测定：称重后的残渣用凯氏定氮法测定其中蛋白质质量；用马弗炉灰化测定残渣中的灰分。

（2）不溶性膳食纤维测定

① 按"2 试样的酶解"中"（1）取样"的方法称取样本并进行酶解。将酶解液转移至坩埚中抽滤。过滤前用 3 mL 水润湿硅藻土并铺平，抽去水分使坩埚中的硅藻土在滤板上铺平。

② 过滤洗涤：试样酶解液全部转移至坩埚中过滤，残渣用 70℃热蒸馏水 10 mL 洗涤 2 次，合并滤液，转移至另一 600 mL 的高脚烧杯中，备测可溶性膳食纤维。

残渣分别用 78%的乙醇、95%的乙醇和丙酮各 15 mL 洗涤 2 次，抽滤去除洗液，将坩埚连同残渣在 105 ℃烘干过夜。将坩埚置干燥器中冷却 1 h，称重。所得质量减去坩埚和硅藻土的干重，即为残渣质量。

③ 蛋白质和灰分的测定：称重后的残渣，用凯氏定氮法测定蛋白质的含量；用马弗炉灰化测定残渣中的灰分。

（3）可溶性膳食纤维测定

① 计算滤液体积：将不溶性膳食纤维过滤后的滤液收集到 600 mL 的高脚烧杯中，通过称"烧杯＋滤液"总质量，扣除烧杯质量的方法估算滤液的体积。

② 沉淀：滤液加入 4 倍体积并预热至 60 ℃的 95%的乙醇，室温下沉淀 1 h。以下测定按总膳食纤维的测定步骤进行。

五、结果计算

（1）空白的质量按下式计算

$$m_B = \frac{M_{BR_1} + M_{BR_2}}{2} - M_{P_B} - M_{A_B}$$

式中：m_B——空白的质量，mg；

m_{BR_1}，m_{BR_2}——双份空白测定的残渣质量，mg；

m_{P_B}——残渣中蛋白质的质量，mg；

m_{A_B}——残渣中灰分的质量，mg。

（2）膳食纤维的含量按下式计算

$$X = \frac{\left[(m_{R_1} + m_{R_2})/2\right] - m_P - m_A - m_B}{(m_1 + m_2)/2} \times 100$$

式中：X——膳食纤维的含量，%；

m_{R_1}，m_{R_2}——双份试样残渣的质量，mg；

m_P——试样残渣中蛋白质的质量，mg；

m_A——试样残渣中灰分的质量，mg；

m_B——空白的质量，mg；

m_1，m_2——试样的质量，mg。

计算结果保留到小数点后 2 位数字。

总膳食纤维（TDF）、不溶性膳食纤维（IDF）、可溶性膳食纤维（SDF）均用膳食纤维含量计算公式计算。计算结果保留到小数点后 2 位数字。

精密度：在重复性条件下获得的 2 次独立测定结果的绝对差值不得超过算术平均值的 10%。

Ⅱ　不溶性膳食纤维的测定

一、实验目的

掌握不溶性膳食纤维的定义，中性洗涤剂法测定的原理。

二、实验原理

不溶性膳食纤维是指在中性洗涤剂的消化作用下，样品中的糖、淀粉、蛋白质、果胶等物质被溶解除去后不能消化的残渣，主要包括纤维素、半纤维素、木质素、角质和二氧化硅及不溶性灰分等。

在中性洗涤剂的消化作用下，试样中的糖、淀粉、蛋白质、果胶等物质被溶解除去，残渣用 α-淀粉酶分解残留的结合态淀粉，再用水、丙酮洗涤除去残存的脂肪、色素等物质，残渣经烘干即为不溶性膳食纤维。

本法适用于谷物及其制品、饲料、果蔬等样品中不溶性膳食纤维的测定。

三、试剂与仪器

1. 试剂

（1）石油醚　沸程 30~60℃。

（2）中性洗涤剂溶液　称取 18.61 g EDTA 二钠盐和 6.81 g 四硼酸钠加水 150 mL，加热溶解；将 30 g 月桂基硫酸钠（十二烷基硫酸钠）和 10 mL 乙二醇乙醚溶于约 700 mL 热水中，合并上述两种溶液；再将 4.56 g 无水磷酸氢二钠溶于 150 mL 热水中，再并入上述溶液中，用磷酸调节上述混合液至 pH 6.9~7.1，最后加水至 1 000 mL。

（3）磷酸盐缓冲液　由 38.7 mL 0.1 mol/L 磷酸氢二钠和 61.3 mL 0.1 mol/L 磷酸二

氢钠混合而成，pH 7.0(配制方法见"附录")。

(4)2.5% α-淀粉酶溶液 称取 2.5 g α-淀粉酶溶于 100 mL pH 7.0 的磷酸缓冲溶液中，离心、过滤，滤液备用。

2. 仪器

耐热玻璃棉(耐热 130℃)，烘箱，恒温箱，纤维测定仪。如没有纤维测定仪，可由下列部件组成：电热板，高型无嘴烧杯，坩埚式耐热玻璃滤器(孔径 40~60μm)，回流冷凝装置，抽滤装置。

四、操作步骤

1. 试样的处理

(1) 粮食 试样用水洗 3 次，置于 60℃烘箱中烘去表面水分，磨粉，过 20~30 目筛，贮于塑料瓶内备用。

(2) 蔬菜及其他植物性食品 取其可食部分，用水冲洗 3 次后，用纱布吸干表面水分，打碎、混合均匀备用。

2. 测定

(1) 准确称取试样 0.5~1.00 g 于高型无嘴烧杯中。若试样脂肪含量超过 10%，需先用石油醚(沸程 30~60℃)提取除去脂肪。石油醚的加入量为每次 10 mL，共 3 次。

(2) 向烧杯中加入 100 mL 中性洗涤剂，再加 0.5 g 无水亚硫酸钠，用电炉加热，5~10 min 内使其煮沸，移至电热板上，保持微沸 1 h。

(3) 于耐热玻璃滤器中铺 1~3 g 玻璃棉移至烘箱内，于 110℃烘 4 h。取出置干燥器中冷至室温，称量，得 m_1。

(4) 将煮沸后的试样趁热倒入滤器中，抽滤。用 500 mL 90~100℃热水分数次洗烧杯及滤器，抽滤至干。洗净滤器下部的液体和泡沫，塞上橡皮塞。于滤器中加 2.5% α-淀粉酶溶液 5 mL，液面需覆盖纤维，用细针挤压掉其中气泡，加数滴甲苯，上盖表面皿，37℃恒温箱中过夜。

(5) 取出滤器，除去底部塞子，抽滤去酶液，并用 300 mL 热水分数次洗去残留酶液。用碘液检查是否有淀粉残留，如淀粉变蓝，继续加酶水解；如淀粉已除尽，抽干，再以丙酮洗 2 次。

(6) 将滤器置烘箱中 110℃烘 4 h，取出，置干燥器中冷至室温，称量，得 m_2。

五、结果计算

样品中不溶性膳食纤维的含量按下式计算：

$$X = \frac{m_2 - m_1}{m} \times 100$$

式中：X——试样中不溶性膳食纤维的含量，%；

m_2——滤器加玻璃棉及试样中纤维的质量，g；

m_1——滤器加玻璃棉的质量，g；

m——样品的质量，g。

计算结果保留到小数点后 2 位数字。

精密度：在重复性条件下获得的两次独立测定结果的绝对差值不得超过算术平均值的 10%。

【思考题】
试述酶-质量法、中性洗涤剂法测定膳食纤维的原理。

（李巨秀）

实验六　食品中蛋白质的测定

Ⅰ　微量凯氏定氮法

一、实验目的

掌握凯氏定氮法测定蛋白质的原理；掌握凯氏定氮法的操作技术及蛋白质含量计算。

二、实验原理

蛋白质是含氮的化合物。一般情况下，蛋白质的含氮量为 15% ~ 17.6%。据此可以测出总氮的含量，从而推算样品中蛋白质含量，如下式所示：

$$\frac{N}{16\%} = N \times 6.25 = 蛋白质含量$$

数值 6.25 称为蛋白质系数，用 F 表示。

食品样品与浓硫酸和催化剂（硫酸铜和硫酸钾）一同加热消化，使蛋白质分解，其中碳和氢被氧化为 CO_2 和水逸出，而样品中的氮转化为氨，再与硫酸结合成硫酸铵。然后加碱蒸馏，硫酸铵转化成使氨蒸出。蒸出的氨用硼酸吸收液吸收，用标准盐酸溶液（或标准硫酸溶液）滴定。根据标准酸的消耗量可以计算出蛋白质的含量。

由于食品中除蛋白质外，还含有包括核酸、生物碱、含氮类脂、卟啉和含氮色素等非蛋白质含氮物质，所以用此方法测得的蛋白质称为粗蛋白。

三、试剂与仪器

1. 试剂

(1)20 g/L 硼酸溶液　称取 20 g 硼酸，加水溶解后并稀释至 1 000 mL。

(2)400 g/L 氢氧化钠溶液　称取 40 g 氢氧化钠加水溶解，放冷并稀释至 100 mL。

(3)0.050 0 mol/L 盐酸标准滴定液　量取 4.5 mL 盐酸，加水稀释至 1 000 mL，并用干燥至恒量的基准无水碳酸钠标定出准确浓度。

标定方法：取适量的无水碳酸钠在 270 ~ 300 ℃的烘箱中保持 1 h（加热期间可搅拌，防止无水碳酸钠结块），加热完毕后于干燥器中冷却保存。准确称取 0.1 g 烘干后的无水碳酸钠（精确至 0.000 1 g）溶于 50 mL 水中，加 10 滴溴甲酚绿-甲基红混合指示液，用配制好的盐酸溶液滴定至溶液由绿色变为暗红色，煮沸 2 min，冷却后继续滴定至溶液呈暗红色，记录消耗盐酸的体积。同时做试剂空白试验。

盐酸标准溶液浓度的计算：

$$c(\text{HCl}) = \frac{m}{(V_1 - V_2) \times 0.053\,0}$$

式中：m——称取无水碳酸钠的质量，g；

V_1——无水碳酸钠消耗盐酸的体积，mL；

V_2——试剂空白消耗盐酸的体积，mL；

0.053 0——与 1.00 mL 盐酸标准滴定溶液[$c(\text{HCl}) = 1$ mol/L]相当的基准无水碳酸钠的质量，g。

(4)1 g/L 甲基红乙醇溶液　称取 0.1 g 甲基红溶于 95% 乙醇中，用 95% 乙醇稀释至 100 mL。

(5)1 g/L 亚甲基蓝乙醇溶液　称取 0.1 g 亚甲基蓝溶于 95% 乙醇中，用 95% 乙醇稀释至 100 mL。

(6)1 g/L 溴甲酚绿乙醇溶液　称取 0.1 g 溴甲酚绿溶于 95% 乙醇，用 95% 乙醇稀释至 100 mL。

(7)混合指示液　2 份甲基红乙醇溶液与 1 份亚甲基蓝乙醇溶液临用时混合(体积比)。

本实验所用水均为无氨蒸馏水。无氨蒸馏水制备方法：在 1 L 蒸馏水中加 0.1 mL 浓硫酸，在全玻璃蒸馏器中重蒸馏，弃去 50 mL 初馏液，然后收集约 800 mL 馏出液于具磨口塞的玻璃试剂瓶中保存。

2. 仪器

凯氏烧瓶，定氮蒸馏装置(图 2-1)，自动消化炉或自动凯氏定氮仪(选用，以分别替代凯氏烧瓶、电炉和定氮蒸馏装置)。

四、操作步骤

1. 样品的消解

称取充分混匀的固体试样 0.2 ~ 2 g、半固体试样 2 ~ 5 g 或液体试样 10 ~ 25 g(试样中蛋白质约相当于 30 ~ 40 mg 氮)，精确至 0.001 g，移入干燥的 100 mL、250 mL 或 500 mL 凯氏烧瓶中，加入 0.2 g 硫酸铜、6 g 硫酸钾及 20 mL 浓硫酸，轻摇后于瓶口放一小漏斗，将瓶以 45° 斜支于有小孔的石棉网上，如图 2-2 所示，在电炉或电热板上小心加热。待内容物全部炭化，泡沫产生完全停止后，加强火力并保持瓶内液体微沸至液体呈蓝绿色并澄清透明后，再继续加热 0.5 ~ 1 h。将凯氏烧瓶取下放冷，小心加入 20 mL 水，加热到白烟出现，将烧瓶取下放冷后，将其中的液体移入 100 mL 容量瓶中，并用少量水洗涤凯氏烧瓶，洗液并入容量瓶中，再加水至刻度，混匀备用。

同时做试剂空白试验。

消化过程须在通风橱内进行。

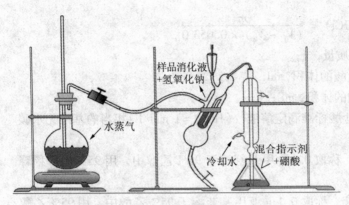

图 2-1　微量凯氏定氮蒸馏与吸收装置

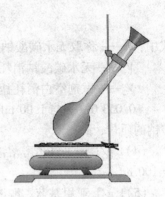

图 2-2　凯氏定氮消化装置

2. 蒸馏与吸收

按图 2-1 装好微量凯氏定氮蒸馏装置。

向水蒸气发生器内装水至 2/3 处，加入数粒玻璃珠（或沸石），加入甲基红乙醇溶液数滴，加入硫酸至水溶液呈微红色，以保持水呈酸性。加热煮沸水蒸气发生器内的水并保持沸腾。向接收瓶内加入 10.0 mL 硼酸溶液及 1~2 滴混合指示液，并使冷凝管的下端插入液面以下，开启冷凝水。根据试样中氮含量，准确吸取 2.0~10.0 mL 消化后定容的溶液由小玻璃杯注入反应室，用 10 mL 水洗涤小玻璃杯并使之流入反应室内，随后塞紧棒状玻璃塞。将 10.0 mL 氢氧化钠溶液倒入小玻璃杯中，提起棒状玻璃塞使氢氧化钠缓缓流入反应室，立即将棒状玻璃塞盖紧，并加水于小玻璃杯做液封以防漏气。开始蒸馏。

3. 滴定

蒸馏 10 min 后（硼酸吸收液由酒红色变为蓝绿色）移动蒸馏液接收瓶，提高冷凝管下端离开液面，再蒸馏 1 min。然后用少量水冲洗冷凝管下端外部，取下蒸馏液接收瓶。

以盐酸标准滴定溶液滴定接收液至终点（溶液颜色由紫红色变成灰色），记录消耗盐酸标准溶液的体积。

同时做试剂空白，记录消耗盐酸标准溶液的体积。

五、结果计算

试样中蛋白质含量按下式计算：

$$X = \frac{c \times (V_2 - V_1) \times 0.014\,0}{m \times V_3/100} \times F \times 100$$

式中：X——试样中蛋白质的含量，%；

　　　V_1——试剂空白消耗盐酸标准滴定液的体积，mL；

　　　V_2——试液消耗盐酸标准滴定液的体积，mL；

　　　V_3——吸取样品消化液的体积，mL；

　　　c——盐酸标准滴定溶液浓度，mol/L；

0.014 0——1.0 mL 硫酸[c（1/2 H$_2$SO$_4$）= 1.000 mol/L]或盐酸[c（HCl）= 1.000 mol/L]标准滴定溶液相当的氮的质量，g；

　　m——试样的质量，g；

　　F——氮换算为蛋白质的系数。一般食物为 6.25；纯乳与纯乳制品为 6.38；面粉为 5.70；玉米、高粱为 6.24；花生为 5.46；大米为 5.95；大豆及其粗加工制品为 5.71；大豆蛋白制品为 6.25；肉与肉制品为 6.25；大麦、小米、燕麦、裸麦为 5.83；芝麻、向日葵为 5.30；复合配方食品为 6.25。对查不到 F 的样品，换算系数可用 6.25。

　　蛋白质含量≥1%时，结果保留 3 位有效数字；蛋白质含量 <1% 时，结果保留 2 位有效数字。

【注意事项】

1. 消化时，样品、硫酸铜、硫酸钾及浓硫酸需尽可能加入到凯氏烧瓶底部，不要黏附在凯氏烧瓶瓶颈，以避免消化不完全。

2. 消化开始时不要用强火并不时转动凯氏烧瓶，以便利用冷凝的酸液将附在瓶壁上的固体残渣洗下并促进其消化完全。

3. 样品中若含脂肪或糖较多，在消化前应加入少量辛醇或液体石蜡或硅油做消泡剂，以防消化过程中产生大量泡沫。

4. 消化完全后要冷至室温才能稀释或定容。所用试剂溶液应用无氨蒸馏水配制。

5. 在蒸馏与吸收之前，需用水蒸气洗涤整套装置，测试装置是否漏气，若漏气需及时调整装置，保证在蒸馏与吸收过程中不漏气，否则将导致测量结果偏低。

6. 在蒸汽发生瓶中要加入硫酸和甲基橙使呈酸性以防氨蒸出。

7. 蒸馏和吸收时加碱量要足，应使消化液呈深蓝色或产生黑色沉淀。操作要迅速，小玻璃杯要采用水封防氨逸出。

8. 在蒸馏和吸收过程中要注意各水蒸气控制夹子的操作，以防水蒸气受阻爆炸或吸收液倒吸。

9. 冷凝管下端先插入硼酸吸收液液面以下才能蒸馏；吸收液温度不应超过 40 ℃，若超过时可置于冷水浴中使用。蒸馏完毕后，应先将冷凝管下端提离液面，再蒸 1 min，将附着在尖端的吸收液完全洗入吸收瓶内，再将吸收瓶移开，最后关闭电源。绝不能先关闭电源，否则吸收液将发生倒吸。

10. 在每次测定前及两次测定之间，均要洗涤反应管（倒吸法：在吸收瓶中加入蒸馏水，其余同测定时的做法，在蒸汽发生器中水剧烈沸腾后，立即移开电炉，水即从吸收瓶中倒吸入反应管，再倒吸入汽水分离管或蒸汽发生器中，打开夹子，即可放出废水）。

11. 混合指示剂在碱性溶液中呈绿色，在中性溶液中呈灰色，在酸性溶液中呈红色。

12. 消化、蒸馏和吸收操作步骤也可使用自动消化炉或自动凯氏定氮仪进行，需按照相关说明书操作，结果的计算方法不变。

【思考题】

1. 硫酸铜和硫酸钾在消化时的作用是什么？
2. 为什么采用凯氏定氮法测定的蛋白质为粗蛋白？
3. 蒸馏时为什么要加入氢氧化钠溶液？加入量对测定结果有何影响？
4. 在蒸汽发生瓶水中加甲基红指示剂数滴及数毫升硫酸的作用是什么？若在蒸馏过程中发现蒸汽发生瓶中的水变为黄色，立即补加硫酸可以吗？
5. 实验操作过程中影响测定准确性的因素有哪些？

（丛　建）

Ⅱ　乙酰丙酮比色法

一、实验目的

掌握乙酰丙酮法测定蛋白质的原理以及与凯氏定氮法的异同点。

二、实验原理

食品与硫酸和催化剂一同加热消化，蛋白质分解、转化生成硫酸铵。在 pH 4.8 的乙酸钠-乙酸缓冲溶液中，氨与乙酰丙酮和甲醛反应生成黄色的 3,5-二乙酰-2,6-二甲基-1,4-二氢化吡啶化合物，该物质在波长 400 nm 处有最大吸收，测定吸光度值，与标准系列比较定量，结果乘以换算系数即为样品中蛋白质的含量。

三、试剂与仪器

1. 试剂

除非另有规定，本方法所有试剂均为分析纯。

（1）300 g/L 氢氧化钠溶液　称取 30 g 氢氧化钠加水溶解，冷却并稀释至 100 mL。

（2）1 g/L 对氨基苯酚指示剂溶液　称取 0.1 g 对氨基苯酚溶于 20 mL 95% 乙醇中，加水稀释至 100 mL。

（3）1 mol/L 乙酸溶液　量取 5.8 mL 优级纯的冰乙酸，加水稀释至 100 mL。

（4）1 mol/L 乙酸钠溶液　称取 41 g 无水乙酸钠或 68 g 乙酸钠（$CH_3COONa \cdot 3H_2O$），加水溶解后并稀释至 500 mL。

（5）乙酸钠-乙酸缓冲液　量取 60 mL 乙酸钠溶液（1 mol/L）与 40 mL 乙酸溶液（1 mol/L）混合均匀，该溶液为 pH4.8。

（6）显色剂　15 mL 37% 甲醛与 7.8 mL 乙酰丙酮混合，加水稀释至 100 mL，剧烈振摇，混匀（室温下放置可稳定 3 d）。

（7）氨氮标准储备液（以氮计，1.0 g/L）　称取 105℃ 干燥 2 h 的硫酸铵 0.4719 g，加水溶解后定容至 100 mL，混匀。此溶液 10℃ 下冰箱内贮存，可稳定 1 年以上。

（8）氨氮标准使用液（以氮计，0.1 g/L）　取 10 mL 氨氮标准储备液（1.0 g/L）于 100 mL 容量瓶内，加水定容，混匀。此溶液在 10℃ 下冰箱内贮存可稳定 1 个月。

2. 仪器

分光光度计，恒温水浴锅。

四、操作步骤

1. 试样消解

样品的消解方式与 I "微量凯氏定氮法"相同，按同一方法做试剂空白试验。

2. 试样溶液的制备

吸取 2~5 mL 试样或试剂空白消化液于 50 mL 或 100 mL 容量瓶内，加 1~2 滴 1 g/L 对氨基苯酚指示剂溶液，摇匀，滴加 300 g/L 氢氧化钠溶液中和至黄色，再滴加 1 mol/L 乙酸至溶液无色，用水稀释至刻度，混匀。

3. 标准曲线的绘制

吸取 0.0 mL、0.05 mL、0.1 mL、0.2 mL、0.4 mL、0.6 mL、0.8 mL、1.0 mL 氨氮标准使用溶液（相当于 0.0 μg、5.0 μg、10.0 μg、20.0 μg、40.0 μg、60.0 μg、80.0 μg、100.0 μg 的氮），分别置于 10 mL 比色管中，加 4 mL 乙酸钠-乙酸缓冲溶液（pH 4.8）及 4 mL 显色剂，加水稀释至刻度，混匀，于 100℃ 水浴中加热 15 min。取出用水冷却至室温，用 1 cm 比色皿，在 400 nm 波长处，以空白为参比，测定吸光度，以氮的含量为横坐标，以吸光度为纵坐标绘制标准曲线，并计算线性回归方程。

4. 试样测定

吸取 0.5~2.0 mL（约相当于氮 <100 μg）试样溶液和同量的试剂空白溶液，分别于 10 mL 比色管中，加 4 mL 乙酸钠-乙酸缓冲溶液及 4 mL 显色剂，加水稀释至刻度，混匀，于 100℃ 水浴中加热 15 min。取出用水冷却至室温后，用 1 cm 比色皿，在波长 400 nm 处，以空白为参比，测量吸光度。

根据样品的吸光度与标准曲线比较定量或代入标准曲线回归方程求出含量。

五、结果计算

样品中蛋白质的含量按下式计算：

$$X = \frac{m_1 - m_2}{m \times \frac{V_2}{V_1} \times \frac{V_4}{V_3} \times 10^6} \times 100 \times F$$

式中：X——试样中蛋白质的含量，g/100g 或 g/100 mL；

m_1——试样测定液中氮的量，μg；

m_2——试剂空白测定液中氮的量，μg；

V_1——试样消化液定容体积，mL；

V_2——制备试样溶液的消化液体积，mL；

V_3——试样溶液总体积，mL；

V_4——测定用试样溶液体积，mL；

m——试样质量(或体积)，g(或 mL)；

F——氮换算为蛋白质的系数，取 6.25，具体的数值可参考 I "微量凯氏定氮法"给出的数据。

【思考题】

简述乙酰丙酮法测定蛋白质含量的原理。

III　水杨酸比色法

一、实验目的

掌握水杨酸法测定蛋白质的原理和优点。

二、实验原理

样品中的蛋白质经硫酸消化转化成硫酸铵后，在一定的酸度和温度条件下，可与水杨酸钠和次氯酸钠作用生成蓝色化合物，该化合物在 660 nm 处有最大吸收。可以通过比色测定求出样品含氮量，进而换算出蛋白质的含量。

三、试剂与仪器

1. 试剂

(1)氮标准溶液　称取经 110 ℃ 干燥 2 h 的硫酸铵 0.471 9 g 于小烧杯中，用水溶解后移入 100 mL 容量瓶中，加水定容，摇匀。此溶液每毫升相当于 1.0 g 氮。使用时用水稀释成每毫升相当于 2.50 μg 氮。

(2)空白酸溶液　称取 0.50 g 蔗糖，加入 15 mL 浓硫酸及 5 g 催化剂(含硫酸铜 1 份和无水硫酸钾 9 份，二者研细混匀备用)，与样品同样消化处理后移入 250 mL 容量瓶中，加水定容。临用前吸取此液 10 mL 加水至 100 mL，摇匀，作为空白酸工作液。

(3)磷酸盐缓冲溶液　称取 7.1 g 磷酸氢二钠，38 g 磷酸三钠和 20 g 酒石酸钾钠，加水 400 mL 溶解后过滤。另称取 35 g 氢氧化钠溶于 100 mL 水中，冷至室温，缓慢地边搅拌边加入磷酸盐溶液中，用水稀释至 1 000 mL 备用。

(4)水杨酸钠溶液　称取 25 g 水杨酸钠和 0.15 g 亚硝基铁氰化钠，溶于 200 mL 水中，过滤，加水稀释至 500 mL，混匀备用。

(5)次氯酸钠溶液　吸取次氯酸钠溶液 4 mL，用水稀释至 100 mL，混匀备用。

2. 仪器

分光光度计，恒温水浴锅。

四、操作步骤

1. 标准曲线的制作

分别吸取每毫升相当于氮含量 2.5 μg 的标准溶液 0.0 mL、1.0 mL、2.0 mL、3.0 mL、4.0 mL、5.0 mL 于 25 mL 容量瓶中，分别加入 2 mL 空白酸工作液、5 mL 磷酸缓冲液，然后加水至 15 mL，再加入 5 mL 水杨酸钠溶液，于 36 ~ 37 ℃ 的恒温水浴中加热 15 min，慢慢加入 2.5 mL 次氯酸钠溶液，摇匀，再在 36 ~ 37 ℃ 的水浴中加热 15 min，取出加水定容至刻度。用 1 cm 比色皿，在 660 nm 波长处，以空白管调零，测得各标准液的吸光度，以吸光度为纵坐标，氮浓度为横坐标，绘制标准曲线并得到线性回归方程。

2. 样品的消化

称取 0.20 ~ 1.00 g 样品（视含氮量而定）于凯氏烧瓶中，加入 15 mL 浓硫酸、0.5 g 硫酸铜及 4.5 g 无水硫酸钠，小火加热至沸腾后，加大火力进行消化。待瓶内溶液澄清呈暗绿色时，不断摇动烧瓶，使瓶壁黏附的残渣溶下消化。待瓶内溶液澄清后取出冷却，移至 25 mL 容量瓶中并用水定容。

3. 样品测定

吸取上述消化好的样液 10 mL（如取 5 mL 则补 5 mL 空白酸原液）于 100 mL 容量瓶中，加水定容。

吸取 2 mL 上述稀释后的消化液于 25 mL 容量瓶中，加入 5 mL 磷酸盐缓冲液，以下操作按标准曲线制作的步骤进行。用 1 cm 比色皿，在 660 nm 波长处，以试剂空白调零，测定样液的吸光度，从标准曲线上查出样液的含氮量或通过回归方程计算出样液的含氮量，计算样品含氮量，然后根据 Ⅰ "微量凯氏定氮法"给出的"氮换算为蛋白质的系数"换算为蛋白质含量。

五、结果计算

按下式计算样品的总氮质量分数：

$$总氮质量分数（\%）= \frac{C \times K}{m \times 1\,000 \times 1\,000} \times 100$$

式中：C——从标准曲线查得的样液的含氮量，μg；

　　K——样品溶液的稀释倍数；

　　m——样品的质量，g。

　　　样品中蛋白质的含量（%）= 总氮质量分数（%）× F（蛋白质系数）

【注意事项】

1. 样品消化完全后应当天进行测定，这样结果的重现性好。
2. 温度对显色的影响极大，应严格控制反应温度。

【思考题】

1. 计算食品中蛋白质时为什么要乘蛋白质换算系数？换算系数 6.25 是怎么得来的？

2. 简述水杨酸法测定蛋白质含量的原理和注意事项。

（丁晓雯）

实验七　食品中脂肪的测定

I　索氏提取法

一、实验目的
掌握索氏提取法测定脂肪的原理、适用范围及影响因素。

二、实验原理
利用脂肪能溶于有机溶剂的性质，先将试样干燥，然后在索氏提取器中将样品用无水乙醚或石油醚提取，除去乙醚或石油醚，所得残留物即为粗脂肪。

三、试剂与仪器

1. 试剂
除非另有规定，所有试剂均为分析纯。
(1) 无水乙醚　分析纯，不含过氧化物。
(2) 石油醚　分析纯，沸程 30～60 ℃。
(3) 海砂　直径 0.65～0.85 mm，二氧化硅含量不低于 99%。

2. 仪器
索氏提取器(图 2-3)，电热鼓风干燥箱，分析天平(感量 0.1 mg)，称量皿(铝质或玻璃质)，绞肉机，组织捣碎机。

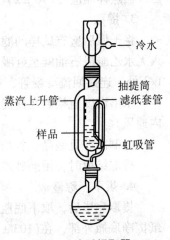

冷水

抽提筒
蒸汽上升管　　滤纸套管

样品

虹吸管

图 2-3　索氏提取器

3. 试样的制备
(1) 固体样品　取有代表性的样品至少 200 g，用研钵捣碎、研细、混合均匀，置于密闭玻璃容器内保存；不易捣碎、研细的样品应切(剪)成细粒，置于密闭玻璃容器内保存。
(2) 粉状样品　取有代表性的样品至少 200 g(如粉粒较大也应用研钵研细)，混合均匀，置于密闭玻璃容器内保存。
(3) 糊状样品　取有代表性的样品至少 200 g，混合均匀，置于密闭玻璃容器内保存。
(4) 固、液体样品　用组织捣碎机将样品捣碎，混合均匀，取样品至少 200 g 置于密闭玻璃容器内保存。
(5) 肉制品　去除非可食部分，取有代表性的样品至少 200 g，用绞肉机至少绞 2

次，混合均匀，置于密闭玻璃容器内保存。

四、操作步骤

1. 索氏提取器的清洗

将索氏提取器各部位充分洗涤并用蒸馏水清洗后烘干。底瓶在(103 ±2) ℃的电热鼓风干燥箱内干燥至恒重(前后 2 次称量差不超过 0.002 g)。

2. 称样、干燥

(1)用洁净的称量皿称取约 5 g 试样，精确至 0.001 g。

(2)含水量 40% 以上的试样，加入适量海砂，置沸水浴上蒸发水分。用一端扁平的玻璃棒不断搅拌试样直至呈松散状；含水量 40% 以下的试样，加适量海砂后充分搅匀即可。

(3)将上述拌有海砂的试样全部移入滤纸筒内，用沾有少量无水乙醚或石油醚的脱脂棉擦净称量皿和玻璃棒，将脱脂棉一并放入滤纸筒内。滤纸筒上方塞入少量脱脂棉。

(4)将盛有试样的滤纸筒移入电热鼓风干燥箱内，在(103 ±2) ℃温度下烘干 2 h。西式糕点样品应在(90 ±2) ℃烘干 2 h。

3. 提取

将干燥后盛有试样的滤纸筒放入索氏提取筒内，如图连接已干燥至恒重的底瓶，注入无水乙醚或石油醚至虹吸管高度以上。待提取液流净后，再加提取液至虹吸管高度的 1/3 处。连接回流冷凝管，用少量脱脂棉塞入冷凝管上口。将底瓶放在水浴锅上加热。

水浴温度应控制在使提取液每 6 ~ 8 min 回流一次(70 ~ 80 ℃，切忌明火，注意室内通风)。

肉制品、豆制品、谷物油炸制品、糕点等食品提取 6 ~ 12 h；坚果制品提取约 16 h。提取结束时，用磨砂玻璃接取 1 滴提取液，如果磨砂玻璃上无油斑表明提取完毕。

4. 烘干、称量

提取完毕后，取下底瓶，在水浴上蒸干并除尽残余的无水乙醚或石油醚。用脱脂滤纸擦净底瓶外部，在(103 ±2)℃的干燥箱内将底瓶干燥 1 h，取出，置于干燥器内冷却至室温，称量。重复干燥 0.5 h，冷却，称量，直至前后 2 次称量差不超过 0.002 g。

注：滤纸筒制作方法：滤纸包折叠的大小，以能平整地放入浸提器内为度(宽度不大于浸提器的内径，长度不超过浸提器的虹吸管)，否则将影响浸提效果。按下图示意的方法折叠滤纸包：

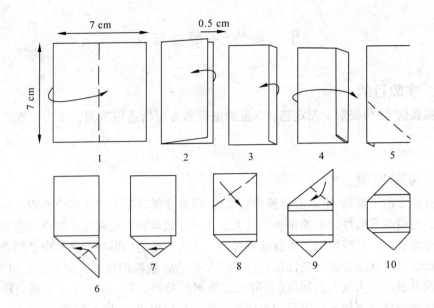

五、结果计算

食品中粗脂肪含量按下式计算:

$$X = \frac{m_2 - m_1}{m}$$

式中: X——食品中粗脂肪的质量分数,%;

　　m_2——底瓶和粗脂肪的质量, g;

　　m_1——底瓶的质量, g;

　　m——试样的质量, g。

计算结果表示到小数点后 2 位数字。

同一试样的 2 次测定值之差不得超过 2 次测定平均值的 5%。

【注意事项】

1. 提取剂无水乙醚或石油醚都是易燃、易爆的化学物质, 应注意通风且不能有火源。

2. 样品在虹吸管中的高度不能超过虹吸管, 否则上部脂肪不能提尽而造成误差。

3. 反复加热可能会因脂类氧化而增重。称量样品的质量增加时, 以增重前样品的质量为恒重。

【思考题】

1. 简述索氏提取法的提取原理及应用范围。

2. 潮湿的样品可否采用乙醚直接提取? 为什么?

3. 使用乙醚做脂肪提取溶剂时, 应注意的事项有哪些?

（陈燕卉）

<h1 style="text-align:center">Ⅱ 氯仿-甲醇提取法</h1>

一、实验目的

掌握氯仿-甲醇提取、测定脂肪含量的原理和方法的适用范围，该法与索氏提取法的区别。

二、实验原理

将样品分散于氯仿-甲醇混合液中。氯仿-甲醇在使样品组织中结合态脂类游离出来的同时，与磷脂等极性脂类的亲和性增大，从而有效地提取出样品中的全部脂类，经过滤除去非脂成分，对残留脂类用石油醚提取，蒸去石油醚后即得到样品中的脂类物质。

本法适合于含结合态脂类比较高、特别是磷脂含量高的样品，如鲜鱼、贝类、肉、禽、蛋及其制品、大豆及其制品（发酵大豆类制品除外）等；对于含水量高的样品更为有效；而干燥样品可加入一定量的水使组织膨润后再用氯仿-甲醇提取。

三、试剂与仪器

1. 试剂

(1) 氯仿。

(2) 甲醇。

(3) 石油醚　沸程 30~60 ℃。

(4) 无水硫酸钠　120~135 ℃干燥 1~2 h。

(5) 氯仿-甲醇混合液　按 2:1 体积比混合。

2. 仪器

离心机。

四、操作步骤

称取样品 5.0 g 于 200 mL 具塞三角瓶中，加入 60 mL 氯仿-甲醇混合液，连接回流装置于 60 ℃水浴中，从微沸起开始计时提取 1 h。提取结束后，取下三角瓶，用布氏漏斗过滤，用另一具塞三角瓶收集滤液，用氯仿-甲醇混合液洗涤三角瓶、滤器及滤器中的样品残渣，洗液合并入滤液中。于 65~70 ℃水浴中回收溶剂，直到三角瓶内物料显浓稠态但不能干涸，冷却。

用移液管向三角瓶的物料中加入 25 mL 石油醚，再加入 15 g 无水硫酸钠，立刻加塞振荡 10 min，将醚层移入具塞离心管中，以 3 000 r/min 离心 5 min。用移液管迅速吸取离心管中澄清的醚液 10 mL（上层）于已恒重的称量瓶内，水浴蒸发去除石油醚后，于（100±5）℃烘箱中烘至恒重。

五、结果计算

样品中脂肪含量按下式计算：

$$X = \frac{(m_1 - m_0) \times 2.5}{m} \times 100$$

式中：X——样品中脂肪的质量分数，%；

m——样品质量，g；

m_0——称量瓶的质量，g；

m_1——称量瓶和脂肪的质量，g；

2.5——从 25 mL 石油醚中吸取 10 mL 进行干燥而得。

【注意事项】

1. 高水分样品可加入适量的硅藻土使样品分散而利于测定，干燥的食品样品可加入 2～3 mL 水。

2. 由于滤纸能够吸附磷脂，因此过滤时不能使用滤纸。

3. 蒸发氯仿-甲醇混合液至残留物有一定的流动性而不能完全蒸干，否则脂类难以溶解于石油醚中，使测定结果偏低。

4. 在用石油醚进行萃取时，无水硫酸钠必须在石油醚之后加入，以免影响石油醚对脂肪的溶解。无水硫酸钠的加入量可根据残留物中的水分含量而定，一般为 5～15 g。

5. 索氏抽提法只能提取游离态的脂肪，而酸水解法又会使磷脂分解而损失。极性的甲醇和非极性的氯仿混合液却能有效地提取结合态的脂类物质。

【思考题】

简述氯仿-甲醇提取法测定脂肪的优点。

（丁晓雯）

实验八　牛乳中脂肪的测定

一、实验目的

掌握罗紫-哥特里法的测定原理；熟悉罗紫-哥特里法的装置、操作流程及注意事项。

二、实验原理

利用氨-乙醇溶液破坏乳的胶体性状及脂肪球膜，使非脂成分溶解，而脂肪游离出来，再用乙醚-石油醚提取，蒸馏去除溶剂后，残留物即为乳脂肪。

三、试剂与仪器

1. 试剂

除非另有规定，所用试剂均为分析纯，水为蒸馏水。

(1)淀粉酶　酶活力≥1.5 U/mg。

(2)氨水。

(3)无水乙醇。

(4)乙醚。

(5)石油醚　沸程30~60 ℃。

(6)混合溶剂　等体积乙醚和石油醚混合，使用前制备。

(7)0.1 mol/L碘溶液　称取13 g碘及35 g碘化钾，溶于100 mL水中，稀释定容至1 000 mL，摇匀，贮存于棕色瓶中。

(8)刚果红溶液　将1 g刚果红溶于水中，稀释至100 mL。

(9)6 mol/L盐酸　量取50 mL盐酸(12 mol/L)缓慢倒入40 mL水中，定容至100 mL。

2. 仪器

分析天平(感量0.1 mg)，烘箱，水浴锅，离心机，莫交尼抽脂瓶(图2-4)，脂肪收集瓶(根据需要选用磨口烧瓶或锥形瓶等)。

四、操作步骤

1. 脂肪收集瓶的准备

在干燥的脂肪收集瓶中加入几粒沸石，放入(102±2)℃的烘箱中加热1 h，取出，冷却至室温，称重(精确至0.1 mg)。同法再烘1 h，称重，直至2次连续称量差值不超过0.5 mg，放干燥器内备用。

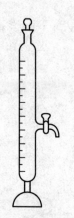

图2-4　抽脂瓶

2. 测定

(1)巴氏杀菌乳、灭菌乳、生乳、发酵乳、调制乳　称取充分混匀的试样 10 g(精确至 0.1 mg)放入抽脂瓶底部,加入 2.0 mL 氨水,充分混匀,立即将抽脂瓶放入(65 ± 5)℃的水浴中,加热 15 ~ 20 min,不时取出振荡。取出抽脂瓶冷却至室温,加入 10 mL 乙醇,在瓶底部轻轻地充分混合,但应避免液体太接近瓶颈。根据需要加入 2 滴刚果红溶液。

加入 25 mL 乙醚,加塞密封,上下反转 1 min,注意不要过度(避免形成持久性乳化液)。必要时,将瓶子放入流动的水中冷却,然后小心地开塞,用少量混合溶剂(可使用洗瓶)冲洗塞子和管颈,使冲洗液流入瓶中。加入 25 mL 石油醚,加塞,轻轻振荡 30 s。将抽脂瓶带塞放入离心机中,500 ~ 600 r/min 离心 1 ~ 5 min。也可不离心,直接静置 30 min 以上,直到上层液澄清并明显分层。小心地打开瓶塞,用少量混合溶剂冲洗塞子和瓶颈内壁,使冲洗液流入抽脂瓶。用虹吸管(也可用尖头洗瓶或胶头滴管)小心吸取上层液,转入含有沸石的脂肪收集瓶,注意避免吸入下层水相。用少量混合溶剂冲洗吸管,冲洗液合并在脂肪收集瓶中。应注意防止溶剂溅到抽脂瓶的外面。

向抽脂瓶中加入 5 mL 乙醇,用乙醇冲洗瓶颈内壁,充分混匀,但应避免液体太接近瓶颈。重复上述"加入 25 mL 乙醚……应注意防止溶剂溅到抽脂瓶外面。"进行第二次抽提,但只用 15 mL 乙醚和 15 mL 石油醚。不加乙醇,同法进行第三次抽提,也用 15 mL 乙醚和 15 mL 石油醚。(如果产品中脂肪的质量分数低于 5 %,可只进行 2 次抽提。)

所有抽提液合并入脂肪收集瓶,蒸馏法或沸水浴法蒸发除去溶剂。蒸馏前用少量混合溶剂冲洗瓶颈内部。将脂肪收集瓶同"1. 脂肪收集瓶的准备"的方法烘干至恒重。

用 10 mL 水代替试样,同上操作制成试剂空白。

(2)乳粉和乳基婴幼儿食品　称取混匀后的试样于抽脂瓶底部,高脂乳粉、全脂乳粉、全脂加糖乳粉和乳基婴幼儿食品称约 1 g(精确至 0.1 mg),脱脂乳粉、乳清粉、酪乳粉称约 1.5 g(精确至 0.1 mg)。加入 10 mL (65 ±5)℃的水,充分混合,直到试样完全分散,放入流动水中冷却。同(1)自"加入 2.0 mL 氨水……"起依法操作。

(3)炼乳　脱脂炼乳称取约 10 g、全脂炼乳和部分脱脂炼乳称取 3 ~ 5 g、高脂炼乳称取约 1.5 g(精确至 0.1 mg),于抽脂瓶底部。加入 10 mL 水,充分混合均匀。同(1)自"加入 2.0 mL 氨水……"起依法操作。

(4)奶油、稀奶油　先将奶油试样放入(40 ±5)℃水浴中溶解并混合均匀后,称取试样约 0.5 g(精确至 0.1 mg,稀奶油称取约 1 g)于抽脂瓶底部。同(1)自"加入 2.0 mL 氨水……"起依法操作。

(5)干酪　称取约 2 g 研碎的试样(精确至 0.1 mg)于烧杯底部,加水 9 mL、氨水 2 mL,用玻璃棒搅拌均匀后微微加热使酪蛋白溶解,用 6 mol/L 盐酸中和后再加 6 mol/L 盐酸 10 mL,加海砂 0.5 g,加盖表面皿,以文火煮沸 5 min,冷却后将烧杯内容物移入抽脂瓶底部,用 25 mL 乙醚冲洗烧杯,洗液并入抽脂瓶中,同(1)自"加塞密封,上下反转 1 min……"起依法操作。

五、结果计算

按下式计算样品中脂肪含量：

$$X = \frac{(m_1 - m_2) - (m_3 - m_4)}{m} \times 100$$

式中：X——样品中脂肪的质量分数，%；

  m——样品的质量，g；

  m_1——最终脂肪收集瓶和抽提物的质量，g；

  m_2——脂肪收集瓶的质量，g；

  m_3——空白试验中脂肪收集瓶和抽提物的质量，g；

  m_4——空白试验中脂肪收集瓶的质量，g。

以重复性条件下获得的 2 次独立测定结果的算术平均值表示，结果保留 3 位有效数字。

【注意事项】

1. 本法为 GB 5413.3—2010《婴幼儿食品和乳品中脂肪的测定》中的第一法。适用于巴氏杀菌乳、灭菌乳、生乳、发酵乳、调制乳、乳粉、炼乳、奶油、稀奶油、干酪和婴幼儿配方食品中脂肪的测定，也是乳及乳制品脂类定量的国际标准方法。

2. 乳类脂肪虽然属于游离脂肪，但其脂肪球被乳中酪蛋白膜包裹，又处于高度分散的胶体分散系中，故不能直接被乙醚、石油醚提取，需预先用氨水处理，破坏乳浊液体系，故此法也称为碱性乙醚提取法。

3. 抽脂瓶应带有软木塞或其他不影响溶剂使用的瓶塞（如硅胶或聚四氟乙烯）。软木塞应先浸于乙醚中，后放入 60℃ 或 60℃ 以上的水中浸泡至少 15 min，冷却后使用。不用时需浸泡在水中，浸泡用水每天更换一次。也可使用带虹吸管或洗瓶的抽脂管（或烧瓶），但操作步骤有所不同。若无抽脂瓶，也可用容积 100 mL 的具塞量筒代替。

4. 加氨水后，要充分混匀，否则会影响醚的提取效果。

5. 乙醇的作用是沉淀蛋白质，溶解脂溶性物质以免其进入醚层。

6. 石油醚作用是降低乙醚的极性，使乙醚与水不互溶，分层清晰。

7. 刚果红溶液的作用是使水相染色，溶剂和水相界面清晰；也可不加或改用其他染色液。

8. 对已结块的乳粉，结果可能偏低。

【思考题】

1. 为什么已经结块的乳粉的测定结果会偏低？

2. 测定乳和乳制品中脂肪含量还可以用什么方法？其原理与本法有哪些异同？

（肖治理）

实验九　食品中维生素 C 的测定

Ⅰ　钼蓝比色法

一、实验目的

了解水果、蔬菜中维生素 C 的大致含量；掌握钼蓝比色法测定维生素 C 的原理。

二、实验原理

还原型维生素 C 能还原偏磷酸和钼酸铵，反应生成亮蓝色的络合物磷钼酸铵。通过比色可以测定样品中还原型维生素 C 的含量。反应如下：

$$HPO_3 + H_2O \longrightarrow H_3PO_4$$
$$24(NH_4)_2MoO_4 + 2H_3PO_4 + 21H_2SO_4 \longrightarrow 2[(NH_4)_3PO_4 \cdot 12MoO_3] + 21(NH_4)_2SO_4 + 24H_2O$$
$$2[(NH_4)_3PO_4 \cdot 12MoO_3] + C_6H_8O_5 + 3H_2SO_4 \longrightarrow 3(NH_4)_2SO_4 + C_6H_6O_5 + 2(Mo_2O_5 \cdot 4MoO_3)_2HPO_4$$

还原型 V_c 　　　　　　　氧化型 V_c 　　　钼蓝

三、试剂与仪器

1. 试剂

(1) 草酸(0.05 mol/L)–EDTA(0.2 mol/L)溶液　准确称取含结晶水的草酸 6.300 0 g，EDTA 0.058 4 g，充分溶解定容至 1 000 mL。

(2) 5% 的钼酸铵溶液　准确称取钼酸铵 25.00 g，加适量水溶解后定容至 500 mL。

(3) 5% 的硫酸溶液　吸取 5 mL 浓硫酸，加水稀释至 100 mL。

(4) 偏磷酸–醋酸溶液　称取 15 g 片状偏磷酸于 40 mL 醋酸中，溶解后定容至 500 mL，用滤纸过滤，滤液备用。

(5) 1 mg/mL 维生素 C 标准溶液　准确称取 0.100 0 g 维生素 C，用上述草酸–EDTA 溶液定容于 100 mL 容量瓶中。

2. 仪器

分光光度计。

四、操作步骤

1. 标准曲线的绘制

分别吸取 0.00 mL、0.40 mL、0.60 mL、0.80 mL、1.00 mL、1.20 mL、1.40 mL 的标准维生素 C 溶液于 10 mL 具塞刻度试管中，加入 1.00 mL 偏磷酸–醋酸溶液，加入 5% 的硫酸溶液 2.0 mL，摇匀后加入 4.00 mL 钼酸铵，15 min 后以试剂空白为参比，在

波长 705 nm 处测定吸光度。以吸光值为纵坐标，维生素 C 的浓度为横坐标，做标准曲线并得到回归方程。

2. 样品中维生素 C 的提取

准确称取待测样品 100 g，加入一定量的草酸－EDTA 溶液，经捣碎后移入 100 mL（V_1）容量瓶，用草酸－EDTA 溶液定容，过滤，取上清液作为待测样品的提取液。

3. 样品中维生素 C 的测定

吸取样品提取液 2.0 mL（V_2）于 50 mL 容量瓶中，加入 1.00 mL 偏磷酸-醋酸溶液，加入 5% 的硫酸溶液 2.0 mL，摇匀后加入 4.00 mL 钼酸铵，15 min 后在波长 705 nm 处测定吸光度。根据吸光度值从标准曲线或回归方程可以得到样品中维生素 C 的含量。

五、结果计算

根据下式计算样品中还原型维生素 C 的含量：

$$还原型维生素 C(mg/100g) = \frac{C_x \times V_1}{W \times V_2} \times 100$$

式中：C_x——测定用样液中维生素 C 的含量，mg；

V_1——样液定容总体积，mL；

V_2——测定用样液总体积，mL；

W——样品质量，g。

【注意事项】

1. 维生素 C 极易分解，样品提取后应立即分析。
2. 维生素 C 标准溶液应该现用现配。

【思考题】

结合理论学习，总结测定还原型维生素 C 的方法。

Ⅱ 紫外分光光度法

一、实验目的

掌握紫外分光光度法测定维生素 C 含量的原理；掌握紫外分光光度计的使用。

二、实验原理

维生素 C 具有对紫外产生吸收和对碱不稳定的特性，于波长 243 nm 处测定样品溶液与碱处理样品两者吸光度之差，通过查标准曲线可计算样品中维生素 C 的含量。

三、试剂与仪器

1. 试剂

（1）2%偏磷酸溶液　准确称取偏磷酸 10.00 g，加适量水溶解后定容至 500 mL。

（2）0.5 mol/L 氢氧化钠溶液　准确称取氢氧化钠 2.00 g，加入 100 mL 水，溶解，混匀。

（3）100 μg/mL 抗坏血酸标准溶液　称取抗坏血酸 10 mg（精确至 0.1 mg），用 2% 偏磷酸溶解，小心转移到 100 mL 容量瓶中，并加偏磷酸稀释定容。

所用试剂均为分析纯，实验用水为蒸馏水。

2. 仪器

紫外分光光度计，电子天平，高速组织捣碎机。

四、操作步骤

1. 标准曲线的绘制

吸取 0.00 mL、0.10 mL、0.20 mL、0.40 mL、0.60 mL、0.80 mL、1.00 mL、1.20 mL 抗坏血酸标准溶液溶液于 10 mL 比色管中，用 2% 偏磷酸定容，摇匀。以蒸馏水为参比调零，在波长 243 nm 处测定吸光度。以抗坏血酸的吸光度为横坐标，对应的抗坏血酸浓度为纵坐标，绘制标准曲线并得到线性回归方程。

2. 样品的制备

将果蔬样品洗净、吸干表面水分，取具有代表性的样品的可食部分约 100 g，放入组织捣碎机中加入 100 mL 2% 偏磷酸酸溶液，迅速捣成匀浆。称取 10~50 g 样品匀浆，2% 偏磷酸酸溶液将样品移入 100 mL 容量瓶中，并稀释至刻度，摇匀。若提取液澄清，直接用于测定；若提取液有浑浊现象，则离心取上清液测定。

3. 样液的测定

（1）样品溶液的测定　吸取 0.1 mL 澄清透明的样品提取液于 10 mL 比色管中，加入 2% 偏磷酸稀释至刻度后摇匀。以蒸馏水为参比调零，在波长 243 nm 处测定样品提取液的吸光度。

（2）碱处理样品溶液的制备与测定　吸取 0.1 mL 澄清透明的样品提取液于 10 mL 比色管中，加入 6 滴 0.5 mol/L 氢氧化钠溶液，混匀，在室温放置 40 min 后，加入 2% 偏磷酸稀释至刻度后摇匀。以蒸馏水为参比调零，在波长 243 nm 处测定其吸光度。

五、结果计算

根据下式计算样品中维生素 C 的含量：

$$维生素 C(mg/100g) = \frac{200 \times C}{m \times V} \times 100$$

式中：m——样品的质量，g；

200——稀释倍数；

C——根据样品溶液与碱处理样品溶液吸光度的差值，从标准曲线上查得的维生素 C 的含量，μg/mL；

V——测试时吸取提取液体积，mL。

【注意事项】

1. 抗坏血酸标准溶液要现用现配。
2. 若样品溶液浑浊，可离心分离至样液澄清透明，取上清液作为分析测定用。

【思考题】

由于维生素 C 极不稳定，在样品处理过程中可加入哪些试剂防止氧化？为什么？

（郭　鸽）

Ⅲ　荧光法

一、实验目的

了解维生素 C 的性质及测定的注意事项；掌握荧光分光光度计的工作原理。

二、实验原理

总抗坏血酸包括还原型、脱氢型和二酮古乐糖酸。样品中的还原型抗坏血酸经活性炭氧化为脱氢抗坏血酸，与邻苯二胺反应生成能发出蓝色荧光的喹噁啉（quinoxaline），其荧光强度与抗坏血酸的浓度在一定条件下成正比，通过与标准系列比较测定食品中抗坏血酸总量。

三、试剂与仪器

1. 试剂

（1）偏磷酸-乙酸溶液　称取 15 g 偏磷酸，加入 40 mL 冰乙酸及 250 mL 水，边加热边搅拌使偏磷酸溶解，冷却后加水至 500 mL。于 4 ℃冰箱可保存 7～10 d。

（2）0.15 mol/L 硫酸溶液　取 10 mL 硫酸，小心加入水中，再加水稀释至 1 200 mL。

（3）偏磷酸-乙酸-硫酸溶液　以 0.15 mol/L 硫酸溶液为稀释液，其余同试剂（1）的配制。

（4）500 g/L 乙酸钠溶液　称取 500 g 乙酸钠（$CH_3COONa \cdot 3H_2O$），加水至 1 000 mL。

（5）硼酸-乙酸钠溶液　称取 3 g 硼酸溶于 100 mL 乙酸钠溶液（500 g/L）中。临用前配制。

（6）200 mg/L 邻苯二胺溶液　称取 20 mg 邻苯二胺，用水稀释至 100 mL。临用前配制。

（7）1 mg/mL 抗坏血酸标准溶液　准确称取 50 mg 抗坏血酸，用偏磷酸-乙酸溶液定容至 50 mL。临用前配制。

（8）100 μg/mL 抗坏血酸标准使用液　取 10 mL 抗坏血酸标准溶液（1 mg/mL），用偏磷酸-乙酸溶液定容至 100 mL。定容前要先测试 pH 值，若 pH > 2.2，则应用偏磷酸-乙酸-硫酸溶液稀释。

（9）0.04% 百里酚蓝指示剂溶液　称取 0.1 g 百里酚蓝，加 0.02 mol/L 的氢氧化钠溶液，在玻璃研钵中研磨至溶解，氢氧化钠的用量约为 10.75 mL，磨溶后用水稀释至 250 mL。

变色范围：

pH 值 = 1.2　　　　　红色

pH 值 = 2.8　　　　　黄色

pH 值 > 4　　　　　　蓝色

（10）活性炭的活化　加 200 g 炭粉于 1 L 盐酸（1 + 9）中，加热回流 1 ~ 2 h，过滤，用水洗至滤液中无铁离子为止，于 110 ~ 120 ℃烘箱中干燥，备用。

2. 仪器

荧光分光光度计。

四、操作步骤

1. 样品液的制备

称取 100 g 样品，加 100 mL 磷酸-乙酸溶液于捣碎机内打成匀浆，用百里酚蓝指示剂调节样液的酸碱度，若呈红色，可用偏磷酸-乙酸溶液稀释；若呈黄色或蓝色，则用偏磷酸-乙酸-硫酸溶液稀释，使其 pH 值为 1.2。

匀浆的取量需根据样品中抗坏血酸的含量而定。当样液中维生素 C 的含量在 40 ~ 100 μg/mL，一般取 20 g 匀浆，用偏磷酸-乙酸溶液稀释至 100 mL，过滤，滤液备用。

2. 氧化

分别取样品滤液及标准使用液各 100 mL 于 200 mL 带塞三角瓶中，加 2 g 活性炭，振摇 1 min，过滤，弃去最初数毫升滤液，分别收集其余全部滤液，即为样品氧化液和标准氧化液。

各取 10 mL 标准氧化液于 2 个 100 mL 容量瓶中，分别标明"标准"及"标准空白"。

各取 10 mL 样品氧化液于 2 个 100 mL 容量瓶中，分别标明"样品"及"样品空白"。

于"标准空白"及"样品空白"溶液中各加 5 mL 硼酸-乙酸钠溶液，混匀振摇 15 min，用水定容至 100 mL，4℃冰箱中放置 2 ~ 3 h，取出备用。

于"样品"及"标准"溶液中各加入 5 mL 乙酸钠液（500 g/L），用水定容至 100 mL，备用。

3. 标准曲线的制备

分别取双份上述经氧化处理并定容至 100 mL 的"标准"溶液(抗坏血酸含量 10 μg/mL)0.5 mL、1.0 mL、1.5 mL 和 2.0 mL 于 10 mL 带塞试管中,加水补充至 2.0 mL。荧光反应按"4. 荧光反应"进行。

4. 荧光反应

取上述经氧化处理并定容至 100 mL 的"标准空白"溶液、"样品空白"溶液及"样品"溶液各 2 mL,分别置于 10 mL 带塞试管中。在暗室中迅速向各管中加入 5 mL 邻苯二胺溶液,振摇混匀,室温反应 35 min,于激发光波长 338 nm、发射光波长 420 nm 处测定荧光强度。

标准系列的荧光强度分别减去标准空白的荧光强度为纵坐标,对应的标准抗坏血酸含量为横坐标,绘制标准曲线并得到直线回归方程。

样品的荧光强度减去样品空白的荧光强度,从标准曲线回归方程上可计算得到测定液中维生素 C 的含量。

五、结果计算

根据下式计算样品中总维生素 C 的含量:

$$X = \frac{c \times V}{m} \times F \times \frac{100}{1\,000}$$

式中:X——样品中总抗坏血酸含量,mg/100g;

c——由标准曲线回归方程计算得到的样品溶液中维生素 C 的浓度,μg/mL;

m——样品的质量,g;

V——荧光反应所用样品体积,mL;

F——样品溶液的稀释倍数。

计算结果保留到小数点后 2 位数字。

在重复性条件下获得的 2 次独立测定结果的绝对差值不得超过算术平均值的 10%。

【注意事项】

1. 影响荧光强度的因素很多,标准曲线最好与样品同时做。

2. 所有操作应在避光条件下进行。

3. 活性炭氧化机理是表面吸附氧进行的界面反应。如果加入量不足,氧化不充分;加入量过多,对抗坏血酸有吸附作用。因此,活性炭用量要准确。

4. 邻苯二胺溶液在空气中颜色会逐渐变深,影响颜色,故应临用现配。

5. 由于脱氢抗坏血酸与硼酸形成复合物后不与邻苯二胺反应,以此排除样品中荧光杂质产生的干扰。

6. 本法的最低检出限为 0.022 μg/mL。

【思考题】

1. 荧光法测定总维生素 C 的原理是什么?
2. 如何提高荧光法测定总维生素 C 的准确性?
3. 比较还原型维生素 C 与总维生素 C 测定方法的差异。

（丁晓雯）

实验十　食品中胡萝卜素和维生素 A 的测定

I　高效液相色谱法测定食品中胡萝卜素

一、实验目的

了解胡萝卜素的性质及样品中胡萝卜素的提取方法；掌握高效液相色谱测定胡萝卜素的原理及注意事项。

二、实验原理

胡萝卜素是脂溶性维生素 A 的前体，具有类似维生素 A 的活性。采用石油醚 + 丙酮(体积比 80∶20)混合液提取试样中的胡萝卜素，经三氧化二铝柱纯化，用高效液相色谱法测定，以保留时间定性，以峰面积定量。

三、试剂与仪器

1. 试剂

所有试剂除特殊要求外，均为分析纯。

(1)石油醚　沸程 30 ~ 60 ℃。

(2)甲醇　色谱纯。

(3)乙腈　色谱纯。

(4)丙酮。

(5)三氧化二铝　100 ~ 200 目，140 ℃活化 2 h 至恒重，取出放入干燥器备用。

(6)含碘异辛烷溶液　精确称取碘 1 mg，用异辛烷溶解并稀释到 25 mL，摇匀备用。

(7)40 μg/mL α -胡萝卜素标准溶液　精确称取 1 mg α -胡萝卜素，加入少量(约 2 mL) 三氯甲烷溶解，然后用石油醚溶解并洗涤烧杯数次，溶液转入 25 mL 容量瓶中，用石油醚定容。 -18℃贮存备用。

(8)β -胡萝卜素标准溶液　精确称取 β -胡萝卜素 12.5 mg 于烧杯中，先用少量(约 2 mL)三氯甲烷溶解，再用石油醚溶解并洗涤烧杯数次，溶液转入 50 mL 容量瓶中，用石油醚定容。该溶液 β -胡萝卜素的浓度为 250 μg/mL。 -18℃贮存备用，2 个月内稳定。使用时取一定量的该 β -胡萝卜素标准溶液用流动相稀释成 100 μg/mL。

(9)β -胡萝卜素标准使用液　分别吸取 100 μg/mL 的 β -胡萝卜素标准溶液 0.5 mL、1.0 mL、2.0 mL、3.0 mL、4.0 mL、5.0 mL 于 10 mL 容量瓶中，各加流动相至刻度，摇匀，即得 β -胡萝卜素标准系列，分别含 β -胡萝卜素 5 μg/mL、10 μg/mL、

20 μg/mL、30 μg/mL、40 μg/mL、50 μg/mL。

(10)150 μg/mL β-胡萝卜素异构体　精确称取 1.5 mg β-胡萝卜素于 10 mL 容量瓶中,充入氮气,快速加入含碘异辛烷溶液 10 mL,盖上塞子,在距 20 W 的荧光灯 30 cm 处照射 5 min,然后在避光处用真空泵抽去溶剂,用少量三氯甲烷溶解结晶,再用石油醚溶解并定容至刻度。-18℃贮存备用。

2. 仪器

高效液相色谱仪(HPLC),离心机,旋转蒸发仪等。

四、操作步骤

1. 样品中胡萝卜素的提取

(1)淀粉类食品　称取 10.0 g 试样于 25 mL 带塞量筒中(如果试样中 β-胡萝卜素含量少,可增加取样量),用石油醚或石油醚 + 丙酮(体积比为 80:20)混合液振摇提取,吸取上层黄色液体并转入旋转蒸发器中,重复提取直至提取液无色。合并提取液,于旋转蒸发器上(水浴温度为 30℃)蒸发至干。

(2)液体食品　吸取 10 mL 试样于 250 mL 分液漏斗中,加入石油醚 + 丙酮(80:20) 20 mL 提取,静置分层,将下层水溶液放入另一分液漏斗中再提取,直至提取液无色为止。合并提取液,于旋转蒸发器上蒸发至干(水浴温度为 40℃)。

(3)油类食品　称取 10.0 g 试样于 25 mL 带塞量筒中,加入石油醚 + 丙酮(80:20) 提取。反复提取,直至上层提取液无色。合并提取液,于旋转蒸发器上蒸发至干。

2. 纯化

将上述试样提取液残渣用少量石油醚溶解,然后通过氧化铝柱层析。氧化铝柱为 1.5 cm(内径)×4 cm(高)(装柱方法见"注意事项")。先用洗脱液丙酮 + 石油醚(体积比为 5:95)洗氧化铝柱,然后再加入溶解了试样提取物的石油醚溶液,用丙酮 + 石油醚 (5:95)洗脱其中的 β-胡萝卜素,控制流速为 20 滴/min,收集于 10 mL 容量瓶中,用洗脱液定容至刻度。用 0.45 μm 微孔滤膜过滤,滤液做 HPLC 分析用。

3. 测定

(1)HPLC 参考条件

色谱柱:C_{18}柱(4.6 mm×150 mm)。

流动相:甲醇 + 乙腈(体积比 90:10)。

流速:1.2 mL/min。

波长:448 nm。

(2)标准曲线制作　分别吸取不同浓度的 β-胡萝卜素标准使用液 20 μL,进行 HPLC 分析,以峰面积为纵坐标,β-胡萝卜素的浓度为横坐标,做标准曲线和回归方程。

(3)试样测定　吸取上述已纯化的溶液 20 μL,依法操作,从标准曲线查得或从回归方程求得所含 β-胡萝卜素的量。

五、结果计算

按下式计算样品中 β-胡萝卜素的含量：

$$X = \frac{V \times c}{m} \times 1\,000 \times \frac{1}{1\,000 \times 1\,000}$$

式中：X——试样中 β-胡萝卜素的含量，g/kg(或 g/L)；

      V——定容后的体积，mL；

      c——试样中 β-胡萝卜素的浓度(在标准曲线上查得)，μg/mL；

      m——试样的量，g(或 mL)。

【注意事项】

1. 本方法检出限为 5.0 mg/kg(L)，线性范围为 0 ~ 100 mg/L。

2. 进样 α-胡萝卜素标准溶液以及 β-胡萝卜素异构体标准溶液，可定性、定量测定样品中相应的组分。

3. 氧化铝住装柱方法：将已干燥的中性三氧化二铝浸泡在石油醚中，以湿法填充色谱柱高度为 4 cm，上端加 1 cm 左右无水硫酸钠，使石油醚自由流下，保证其水平高于硫酸钠平面 0.5 cm(注意色谱柱填充时应避免水分，不要有气泡进入)。

4. 在重复性条件下获得的 2 次独立测定结果的绝对差值不得超过算术平均值的 10%。

Ⅱ 纸层析法测定食品中胡萝卜素

一、实验目的

了解纸层析的基本原理。

二、实验原理

试样经过皂化后，用石油醚提取其中的胡萝卜素及其他植物色素，以石油醚为展开剂进行纸层析。胡萝卜素极性最小，移动速度最快，从而与其他色素分离，剪下含胡萝卜素的区带，洗脱后于波长 450 nm 下比色定量。

三、试剂与仪器

1. 试剂

(1)石油醚 沸程 30 ~ 60℃。

(2)无水乙醇。

(3)无水硫酸钠。

(4)氢氧化钾溶液(1+1) 取 50 g 氢氧化钾溶于 50 mL 水。

(5) β-胡萝卜素标准溶液

①β-胡萝卜素标准储备液：准确称取 50.0 mg β-胡萝卜素标准品，溶于 100.0 mL 三氯甲烷中，浓度约为 500 μg/mL。

取上述配好的 β-胡萝卜素标准储备液 10 μL，加正己烷 3.00 mL，混匀。比色杯厚度为 1 cm，以正己烷为空白，在波长 450 nm 处测其吸光度值。平行测定 3 份，取均值。

按下式计算 β-胡萝卜素标准溶液的准确浓度：

$$X = \frac{A}{E} \times \frac{3.01}{0.01}$$

式中：X——β-胡萝卜素标准溶液浓度，μg/mL；

A——吸光度值；

E——β-胡萝卜素在正己烷溶液中，入射光波长 450 nm，比色杯厚度 1 cm，溶液浓度为 1 mg/L 的吸光系数，为 0.263 8；

$\frac{3.01}{0.01}$——测定过程中稀释倍数的换算系数。

②β-胡萝卜素标准使用液：将已标定的 β-胡萝卜素标准储备液用石油醚准确稀释 10 倍，使每毫升溶液相当于 50 μg β-胡萝卜素，避光保存于冰箱中。

2. 仪器

分光光度计，旋转蒸发器，恒温水浴锅，皂化回流装置(图 2-5)，玻璃层析缸，点样器或微量注射器，层析滤纸(18 cm × 34 cm)。

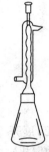

图 2-5 回流装置简图

四、操作步骤

以下操作步骤需在避光条件下进行。

1. 试样预处理

(1) 皂化　取适量试样，相当于原样 1~5 g(含胡萝卜素 20~80 μg)匀浆，粮食试样视其胡萝卜素含量而定，植物油和高脂肪试样取样量不超过 10 g，置 100 mL 带塞三角瓶中，加脱醛乙醇 30 mL，再加 10 mL 氢氧化钾溶液(1+1)，回流加热 30 min，然后用冰水使之迅速冷却。

(2) 提取　取下皂化瓶，将皂化后的试样移入分液漏斗，以少量水洗涤三角瓶，再用 30 mL 石油醚分 2 次洗涤三角瓶，全部洗液合并于分液漏斗中，轻摇分液漏斗 1~2 min，适时开塞排气，静置分层。将水液放入第二个分液漏斗中。向第二个分液漏斗中加入 25 mL 石油醚，振摇后静置分层，将水溶液放入原三角瓶中，醚层并入第一个分液漏斗中。再加入 25 mL 石油醚，重复提取水相，直至醚层中不显示黄色为止，每次提取石油醚用量为 15~25 mL。

(3) 洗涤　于分液漏斗合并石油醚提取液，用水洗涤至中性(以 pH 试纸检验)。将石油醚提取液通过盛有 10 g 无水硫酸钠的小漏斗，装入球形瓶，用少量石油醚分数次洗净分液漏斗和无水硫酸钠层内的色素，洗涤液并入球形瓶内。

（4）浓缩与定容 将上述球形瓶内的提取液于旋转蒸发器上减压蒸发，水浴温度为60℃，蒸发至约 1 mL 时，取下球形瓶，用氮气吹干，立即加入 2.00 mL 石油醚定容，备色谱分离用。

2. 纸层析

（1）点样 在 18 cm×30 cm 层析滤纸下端距底边 4 cm 处用铅笔做一基线，在基线上取 A、B、C、D 4 点（图2-6），吸取 0.100～0.400 mL 上述样品浓缩液在 AB 和 CD 间迅速点样。

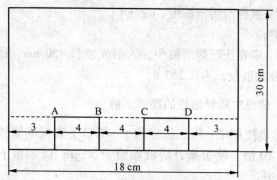

图 2-6 纸色谱点样示意

（2）展开 待纸上所点样液自然挥发干后，将滤纸卷成圆筒状，置于预先用石油醚饱和的层析缸中，进行上行展开。

（3）洗脱 待胡萝卜素与其他色素完全分开后，取出滤纸，自然挥发干石油醚，将位于展开剂前沿的胡萝卜素层析带剪下，立即放入盛有 5 mL 石油醚的具塞试管中，用力振摇，使胡萝卜素完全溶入试剂中。

3. 测定

用 1 cm 比色杯，以石油醚调零点，于 450 nm 波长测吸光度值，从标准曲线上查出β-胡萝卜素的含量，供计算时使用。

4. 标准工作曲线绘制

取 β-胡萝卜素标准使用液（浓度为 50 μg/mL）1.00 mL、2.00 mL、3.00 mL、4.00 mL、6.00 mL、8.00 mL，分别置于 100 mL 具塞三角瓶中，按试样分析步骤进行预处理和纸层析，点样体积为 0.100 mL，标准曲线各点 β-胡萝卜素含量依次为 2.5 μg、5.0 μg、7.5 μg、10.0 μg、15.0 μg、20.0 μg。为测定低含量试样，可在 0～2.5 μg 间加做几点，以 β-胡萝卜素含量为横坐标，以吸光度为纵坐标绘制标准曲线。

五、结果计算

试样中胡萝卜素含量按下式计算：

$$X = m_1 \times \frac{V_2}{V_1} \times \frac{100}{m}$$

式中：X——试样中胡萝卜素的含量(以 β-胡萝卜素计)，μg/100g；

m_1——在标准曲线上查得的胡萝卜素质量，μg；

V_1——点样体积，mL；

V_2——试样提取液浓缩后的定容体积，mL；

m——试样质量，g。

【注意事项】

1. 操作需在避光条件下进行。

2. 无水乙醇中醛类物质的检验方法

(1)配制银氨液　加浓氨水于 5% 硝酸银液中，直至氧化银沉淀溶解，加入 2.5 mol/L 氢氧化钠溶液数滴，如发生沉淀，再加浓氨水使之溶解。

(2)银镜反应检测醛类物质　加 2 mL 银氨液于试管内，加入几滴乙醇摇匀，加入少许 2.5 mol/L 氢氧化钠溶液加热。如乙醇中无醛，则没有银沉淀，否则有银镜反应。

3. 无水乙醇中醛类物质的脱醛方法：取 2 g 硝酸银溶于少量水中，取 4 g 氢氧化钠溶于温乙醇中，将两者倾入 1 L 乙醇中，暗处放置 2 d(不时摇动，促进反应)，过滤，滤液倾入蒸馏瓶中蒸馏，弃去初蒸的 50 mL。乙醇中含醛较多时，硝酸银用量适当增加。

4. 为防止胡萝卜素在空气中氧化或因高温、紫外线直射等被破坏，浓缩提取液时，一定防止蒸干，接近蒸干时取下蒸馏瓶，用氮气吹干，立即定容。点样、层析后刮样点等操作环节一定要迅速。

5. 配制标准溶液时，应注意标准品的结构是胡萝卜素还是胡萝卜素酯。通常标准品不能完全溶解于有机溶剂中，尤其是胡萝卜素酯，所以必要时应先将标准品进行皂化(皂化方法同样品)，再用有机溶剂提取，用蒸馏水洗涤至中性后，浓缩定容。再进行标定。由于胡萝卜素很容易分解，所以每次使用前，所用标准品均需标定，在测定试样时需要带标准品同步操作。

6. 纸色谱法不能区分 α-胡萝卜素、β-胡萝卜素、γ-胡萝卜素，虽然标准品为 β-胡萝卜素，但实际结果为总胡萝卜素含量。因天然食品中大部分为 β-胡萝卜素，故对结果影响不大。

7. 本方法胡萝卜素的检出限为 0.11 μg。

8. 在重复性条件下获得的 2 次独立测定结果的绝对差值不得超过算术平均值的 10%。

Ⅲ　高效液相色谱法测定食品中维生素 A

一、实验目的

掌握维生素 A 的性质；掌握高效液相色谱测定维生素 A 的注意事项；了解样品中维生素 A 的提取方法。

二、实验原理

维生素 A 不溶于水，能溶于乙醇、甲醇、氯仿、乙醚等有机溶剂；易被氧破坏，对酸不稳定。维生素 A 常以其酯类形式存在，要得到游离的维生素 A，需要用氢氧化钾-乙醇进行加热皂化处理，将其从不可皂化部分提取至有机溶剂中，用带紫外检测器的高效液相色谱仪测定，用内标法定量。

三、试剂与仪器

1. 试剂

(1)无水乙醚　不含有过氧化物（其检验及去除方法见"注意事项"）。

(2)无水乙醇　不得含有醛类物质（其检验及脱醛方法见"注意事项"）。

(3)无水硫酸钠。

(4)甲醇　重蒸后使用。

(5)重蒸水　蒸馏水中加少量高锰酸钾，临用前再蒸馏。

(6)100 g/L 抗坏血酸溶液　抗坏血酸 10 g，以蒸馏水定容至 100 mL，临用前配制。

(7)氢氧化钾溶液(1 + 1)　取 50 g 氢氧化钾，溶于 50 mL 蒸馏水。

(8)100 g/L 氢氧化钠溶液　取 10 g 氢氧化钾，以蒸馏水定容至 100 mL。

(9)50 g/L 硝酸银溶液　取 5 g 硝酸银溶于 100 mL 水中，混合均匀后贮于棕色瓶内备用。

(10)银氨溶液　加氨水至上述硝酸银溶液中，直至生成的沉淀重新溶解为止，再加 100 g/L 氢氧化钠溶液数滴，如发生沉淀，再加氨水直至溶解。

(11)维生素 A 标准溶液　视黄醇（纯度 85%）或视黄醇乙酸酯（纯度 90%）经皂化处理后使用（皂化及提取步骤同样品）。用脱醛乙醇溶解维生素 A 标准品，使其浓度大约为 1 mL 相当于 1 mg 视黄醇。临用前用紫外分光光度法标定其准确浓度。

(12)内标溶液　称取苯并[e]芘（纯度 98%），用脱醛乙醇配制成每毫升相当 10 μg 苯并[e]芘的内标溶液。

2. 仪器

高效液相色谱仪（带紫外分光检测器），旋转蒸发器，离心机，高纯氮气(99.999%)，恒温水浴锅，pH 1 ~ 14 试纸或 pH 计。

四、操作步骤

1. 试样处理

(1)皂化　准确称取 1 ~ 10 g 试样（含维生素 A 约 3 μg）于皂化瓶中，加 30 mL 无水乙醇，进行搅拌，直到颗粒物分散均匀为止。加 5 mL 10% 抗坏血酸，苯并[e]芘标准液 2.00 mL 混匀。加 10 mL 氢氧化钾(1 + 1)，混匀。于沸水浴回流 30 min 使皂化完全。皂化后立即放入冰水浴中冷却。

（2）提取　将皂化后的试样移入分液漏斗中，用 50 mL 水分 2～3 次洗皂化瓶，洗液并入分液漏斗中。用约 100 mL 乙醚分两次洗皂化瓶及其残渣，乙醚液并入分液漏斗中。如有残渣，可将此液通过有少许脱脂棉的漏斗滤入分液漏斗。轻轻振摇分液漏斗 2 min，静置分层，弃去水层。

（3）洗涤　用约 50 mL 水洗分液漏斗中的乙醚层，用 pH 试纸检验直至水层不显碱性（最初水洗轻摇，逐次振摇强度可增加）。

（4）浓缩　将乙醚提取液经过无水硫酸钠（约 5 g）滤入与旋转蒸发器配套的蒸发瓶内，用约 100 mL 乙醚冲洗分液漏斗及无水硫酸钠 3 次，并入蒸发瓶内，并将其接至旋转蒸发器上，于 55℃ 恒温水浴中旋转蒸发并回收乙醚，待瓶中剩下约 2 mL 乙醚时，取下蒸发瓶，立即用氮气吹掉乙醚。立即加入 2.00 mL 乙醇，充分混合，溶解提取物。

将乙醇液移入一小塑料离心管中，离心 5 min（5 000 r/min）。上清液供色谱分析。如果试样中维生素 A 含量较少，可用氮气将乙醇液吹干后，再用乙醇重新定容。并记下体积比。

2. 标准曲线的制备

（1）维生素 A 标准溶液浓度的标定　取维生素 A 标准液 10.00 μL，稀释至 3.00 mL 乙醇中，在波长 325 nm 下测定吸光值。用比吸光系数（$E_{cm}^{1\%} = 1\ 835$）计算出该溶液中维生素 A 的浓度：

$$C_1 = \frac{A}{E} \times \frac{1}{100} \times \frac{3.00}{V \times 10^{-3}}$$

式中：C_1——维生素 A 标准溶液的浓度，g/mL；

A——维生素 A 标准溶液的吸光度；

V——加入维生素 A 标准溶液的体积，μL；

E——1% 维生素 A 的比吸光系数（1 835）；

$\dfrac{3.00}{V \times 10^{-3}}$——维生素 A 标准液的稀释倍数。

（2）标准曲线的制备　采用内标法定量。把一定量的维生素 A 与内标苯并[e]芘混合均匀。选择合适灵敏度，使峰高约为满量程 70%，为高浓度点。高浓度的 1/2 为低浓度点（其内标苯并[e]芘的浓度值不变），用此种浓度的混合标准进行色谱分析。上样浓度一般维生素 A（皂化提取后）在 1～5 μg/mL，苯并[e]芘在 10 μg/mL。以维生素 A 峰面积与内标物峰面积之比为纵坐标，维生素 A 浓度为横坐标绘制标准曲线并计算回归方程。

3. HPLC 参考条件

预柱：ultrasphere ODS 10 μm（C₁₈柱），4 mm×4.5 cm。

分析柱：ultrasphere ODS 5 μm C₁₈柱，4.6 mm×25 cm。

流动相：甲醇＋水（98:2）混匀，临用前脱气。

紫外检测波长：325 nm。

量程：0.02。

进样量：20 μL。

流速：1.7 mL/min。

4. 试样分析

取试样浓缩液 20 μL，待绘制出色谱图及色谱参数后，再进行定性和定量。

(1)定性　用标准物色谱峰的保留时间定性。

(2)定量　根据色谱图求出样品维生素 A 峰面积与内标物峰面积的比值，以此值在标准曲线上查到样品中维生素 A 的浓度或用回归方程求出样品中维生素 A 的浓度。

五、结果计算

按下式计算样品中维生素 A 的含量：

$$X = \frac{cV}{m} \times \frac{100}{1\,000}$$

式中：X——维生素 A 的含量，mg/100 g；

　　　c——由标准曲线上查到的维生素 A 的浓度，μg/mL；

　　　V——试样浓缩定容体积，mL；

　　　m——试样质量，g。

【注意事项】

1. 无水乙醚中过氧化物的检验及去除

(1)过氧化物检查方法　用 5 mL 乙醚加 1 mL 10% 碘化钾溶液，振摇 1 min，如有过氧化物则放出游离碘，水层呈黄色或加 4 滴 0.5% 淀粉溶液，水层呈蓝色。该乙醚需处理后使用。

(2)去除过氧化物的方法　将乙醚加入蒸馏瓶中，在瓶中放入纯铁丝或铁末少许，蒸馏，弃去 10% 初馏液和 10% 残馏液，得到的馏出液即为无过氧化物的乙醚。

2. 无水乙醇中醛类物质的检验及脱除

(1)检查方法　取 2 mL 银氨溶液于试管中，加入少量乙醇，摇匀，再加入氢氧化钠溶液，加热，放置冷却后，若有银镜反应则表示乙醇中有醛类物质存在。

(2)脱醛方法　取 2 g 硝酸银溶于少量水中，取 4 g 氢氧化钠溶于温乙醇(38 ℃左右)中，将两者倾入 1 L 乙醇中，振摇后，放置暗处 2 d(不时摇动，促进反应)，经过滤，置蒸馏瓶中蒸馏，弃去初蒸出的 50 mL 液体，得到的馏出液即为无醛类物质的乙醇。当乙醇中含醛较多时，硝酸银的用量适当增加。

3. 试验操作应尽量避光，或使用棕色玻璃仪器，避免维生素 A 被破坏。

4. 本方法对维生素 A 的最小检出限为 0.8 ng。

5. 在重复性条件下获得的 2 次独立测定结果的绝对差值不得超过算术平均值的 10%。

Ⅳ　比色法测定食品中维生素 A

一、实验目的

掌握比色法测定维生素 A 的原理和注意事项。

二、实验原理

在氯仿溶液中，维生素 A 与三氯化锑相互作用，生成蓝色可溶性络合物，在波长 620 nm 处有一最大吸收峰，其蓝色深浅与溶液中所含维生素 A 的含量成正比。

三、试剂与仪器

1. 试剂

(1) 乙酸酐、乙醚、无水乙醇　均为分析纯。

(2) 三氯甲烷　分析纯，应不含分解物，否则会破坏维生素 A。检查及处理方法见"注意事项"。

(3) 250 g/L 三氯化锑-三氯甲烷溶液　将 25 g 干燥的三氯化锑迅速投入装有 100 mL 三氯甲烷的棕色试剂瓶中，振摇，使之溶解，再加入无水硫酸钠 10 g。用时吸取上层清液。

(4) 无水硫酸钠　于 130℃烘箱中烘 6 h，装瓶备用。

(5) 氢氧化钾溶液(1 + 1)　称取 50 g 氢氧化钾溶于 50 mL 水中，混匀即可。

(6) 0.5 mol/L 氢氧化钾：称取 28 g 氢氧化钾，以蒸馏水定容至 1 000 mL。

(7) 维生素 A 标准溶液　视黄醇(纯度 85%)或视黄醇乙酸酯(纯度 90%)经皂化(同高效液相色谱法)处理后使用。用脱醛乙醇溶解维生素 A 标准品，使其浓度大约为 1 mL 相当于 1 mg 视黄醇。临用前用紫外分光光度法标定其准确浓度。

维生素 A 标准溶液的标定同Ⅲ"高效液相色谱法"。

(8) 10 g/L 酚酞指示剂　用 95% 乙醇配制。

2. 仪器

分光光度计，回流冷凝装置等。

四、操作步骤

1. 试样处理

(1) 皂化法　适用于维生素 A 含量不高的试样(不超过 5 μg/g)，可减少脂溶性物质的干扰，但全部试验过程费时，且易导致维生素 A 损失。

① 皂化：根据试样中维生素 A 含量的不同，准确称取 0.5 ~ 5 g 试样于三角瓶中，加入 10 mL 氢氧化钾(1 + 1)及 20 ~ 40 mL 乙醇，于电热板上回流 30 min 至皂化完全为止(若无混浊现象，表示皂化完全)。

②提取：将皂化瓶内混合物移至分液漏斗中，以 30 mL 水洗皂化瓶，洗液并入分液漏斗。如有残渣存在，可用装有脱脂棉的漏斗滤入分液漏斗内。用 50 mL 乙醚分 2 次洗皂化瓶，洗液并入分液漏斗中。振摇并注意放气，静置分层后，水层放入第二个分液漏斗内。皂化瓶再用约 30 mL 乙醚分 2 次冲洗，洗液倾入第二个分液漏斗中。振摇后，静置分层，水层放入三角瓶中，醚层与第一个分液漏斗合并。如此重复操作，直至醚层不再使三氯化锑-三氯甲烷溶液呈蓝色为止。

③洗涤：用约 30 mL 水加入第一个分液漏斗中，轻轻振摇，静置片刻后，放去水层。加 15 ~ 20 mL 0.5 mol/L 氢氧化钾溶液于分液漏斗中，轻轻振摇后，弃去下层碱液。继续用水洗涤，每次用水约 30 mL，直至洗涤液与酚酞指示剂呈无色为止（大约 3 次）。醚层液静置 10 ~ 20 min，小心放出析出的水。

④浓缩：将醚层液经过无水硫酸钠滤入三角瓶中，再用约 25 mL 乙醚冲洗分液漏斗和硫酸钠 2 次，洗液并入三角瓶内。置 55 ℃ 恒温水浴上蒸馏，回收乙醚。待瓶中剩约 3 ~ 5 mL 乙醚时取下，用减压抽气法至干，立即加入一定量的三氯甲烷(约 5 mL)使溶液中维生素 A 含量在适宜浓度范围内(3 ~ 5 μg/g)。

(2)研磨法

适用于每克试样维生素 A 含量大于 5 ~ 10 μg 试样的测定，如肝脏等。

①研磨：精确称 2 ~ 5 g 试样，放入盛有 3 ~ 5 倍试样质量的无水硫酸钠研钵中，研磨至试样中水分完全被无水硫酸钠吸收，并均质化。

②提取：小心地将全部均质化试样移入带盖的三角瓶内，准确加入 50 ~ 100 mL 乙醚。紧压盖子，用力振摇 2 min，使试样中维生素 A 溶于乙醚中。使其自行澄清(需 1 ~ 2 h)，或离心澄清(因乙醚易挥发，气温高时应在冷水浴中操作。装乙醚的试剂瓶也应事先放入冷水浴中)。

③浓缩：取澄清的乙醚提取液 2 ~ 5 mL，放入比色管中，在 70 ~ 80 ℃ 水浴上抽气蒸干。立即加入 1 mL 三氯甲烷溶解残渣。

2. 测定

(1)标准曲线的制备　准确吸取维生素 A 标准液 0.0 mL、0.1 mL、0.2 mL、0.3 mL、0.4 mL、0.5 mL 于 6 个 10 mL 容量瓶中，以三氯甲烷配制标准使用液系列。再取相同数量比色管顺次取 1 mL 三氯甲烷和标准系列使用液 1 mL，各管加入乙酸酐 1 滴，制成标准比色系列。于波长 620 nm 处，以三氯甲烷调节吸光度至零点，将其标准比色系列按顺序移入光路前，迅速加入 9 mL 三氯化锑-三氯甲烷溶液，于 6 s 内测定吸光度。以吸光度为纵坐标，维生素 A 含量为横坐标绘制标准曲线并计算回归方程。

(2)试样测定　于一比色管中加入 10 mL 三氯甲烷，加入 1 滴乙酸酐为空白液。另一比色管中加入 1 mL 三氯甲烷，其余比色管中分别加入 1 mL 试样溶液及 1 滴乙酸酐。其余步骤同标准曲线的制备。

五、结果计算

按下式计算样品中维生素 A 的含量：

$$X = \frac{c \times V}{m} \times \frac{100}{1\,000}$$

式中：X——试样中维生素 A 的含量（或按国际单位，$1IU = 0.3\ \mu g$ 维生素 A），mg/ 100 g；

$\qquad c$——由标准曲线上查得试样中维生素 A 的含量，$\mu g/mL$；

$\qquad m$——试样质量，g；

$\qquad V$——提取后加三氯甲烷定容的体积，mL；

$\qquad 100$——以每 100 g 试样计。

【注意事项】

1. 维生素 A 极易被光破坏，实验操作应在微弱光线下进行，或用棕色玻璃仪器。

2. 三氯化锑有腐蚀性，使用时注意安全。三氯化锑与水能生成白色沉淀，因此应避免与水接触。用过的仪器应先用稀盐酸浸泡后再洗涤。

3. 三氯甲烷中分解物的检查及处理方法

（1）检查方法　三氯甲烷不稳定，放置后易受空气中氧的作用生成氯化氢和光气。检查时可取少量三氯甲烷于试管中，加水少许振摇，使氯化氢溶到水层。加入几滴硝酸银液，如有白色沉淀即说明三氯甲烷中有分解产物。

（2）处理方法　三氯甲烷中如果含有分解产物，取三氯甲烷于分液漏斗中加水洗数次，加无水硫酸钠或氯化钙使之脱水，然后蒸馏，馏出液用于实验。

4. 洗涤过程不要用力摇动，以防发生乳化不易分离。如有乳化现象发生，可加少量 0.5 mol/L 氢氧化钾溶液帮助分层。

5. 三氯化锑容易吸水，若水分含量较多，需重结晶后使用。重结晶方法：取适量三氯化锑置于曲颈瓶内，在砂浴上加热，待三氯化锑开始馏出，用表面皿收集馏出液，直至冷却后析出结晶，即开始收集馏出液于预先称量过的干燥玻璃瓶内，称量。按蒸馏后得到的重结晶的三氯化锑的质量，配制三氯化锑-氯仿溶液。

6. 三氯化锑与维生素 A 生成的蓝色物质很不稳定，要在 6 s 内完成吸光度的测定。

7. 皂化回流时间因样品而异。向皂化瓶内加少许水，若有浑浊现象则表示皂化尚未完全，应继续加热。

8. 在重复性条件下获得的 2 次独立测定结果的绝对差值不得超过算术平均值的 10%。

【思考题】

1. 试样提取过程中，用石油醚萃取胡萝卜素的操作要点是什么？

2. HPLC 分析胡萝卜素，在试样纯化过程中，为何要控制洗脱液流速？

3. 进行 HPLC 分析时，样品检测液为何要预先经 0.45 μm 滤膜过滤？

4. 参考食品化学教材及相关资料，了解胡萝卜素的理化性质及其在各种食物中的含量。

5. 试想在实验过程中会不会出现胡萝卜素的异构化反应？
6. 试比较 HPLC 法和比色法测定维生素 A 的区别。

（韩俊华）

实验十一 蒸馏酒中甲醇及高级醇的测定

I 气相色谱法测定蒸馏酒中甲醇及高级醇

一、实验目的

掌握气相色谱仪的使用技术及操作规范；掌握气相色谱测定甲醇和高级醇的原理及注意事项。

二、实验原理

试样被气化后，随同载气进入色谱柱，根据蒸馏酒中不同醇类（甲醇、异丁醇、异戊醇等）在流动相（载气）和固定相间分配系数的差异，各组分在两相中经多次分配而被分离，在氢火焰中的化学电离进行检测，由保留时间定性，采用外标法，根据峰面积与标准比较进行定量。

三、试剂与仪器

1. 试剂

（1）甲醇、正丙醇、正丁醇、异丁醇、仲丁醇、异戊醇、乙酸乙酯均为色谱纯。

（2）乙醇 要求无甲醇、无高级醇（取 0.5 μL 进样无杂峰出现即可）。

（3）标准溶液 分别准确称取甲醇、正丙醇、正丁醇、异丁醇、仲丁醇、异戊醇各 600 mg，乙酸乙酯 800 mg，以少量水洗入 100 mL 容量瓶中，并加水稀释到刻度，冰箱保存。

（4）标准使用液 吸取 10.0 mL 上述标准溶液于 100 mL 容量瓶中，加入一定量无甲醇、无杂醇油的乙醇（控制乙醇含量与待测样品的乙醇含量一致），加水定容，冰箱保存。

2. 仪器

气相色谱仪（附氢火焰离子化检测器），HP－INNOWAX 毛细管色谱柱（60 m×0.25 mm ×0.5 μm），微量进样注射器（1 μL）。

四、操作步骤

1. 按操作说明书使气相色谱仪正常运行，并调节至如下条件

（1）柱温 采用程序升温，初始温度 80 ℃，保持 2 min 后，升温速度 5 ℃/min，至 200 ℃保持 2 min。

（2）气化室温度 200 ℃。

（3）检测器温度 200 ℃。

（4）气体及流速 载气为氮气（N_2），采用氮氢空一体机，控制氮气流速：1 mL/min；氢气流速：30 mL/min；空气流速：30 mL/min。

2. 定性检测

以各组分的保留时间定性（标样中各组分出峰顺序可参考图2-7）。进标准使用液和待测样液各 1 μL，分别测得保留时间，将待测样液与标准使用液的出峰时间对照而定性。重复 2 次。

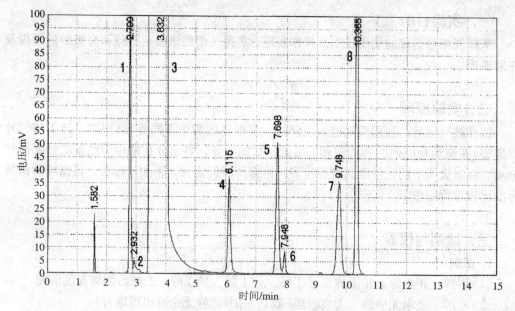

图 2-7 标样中各组分出峰情况

1－乙酸乙酯；2－甲醇；3－乙醇；4－正丙醇；5－异丁醇；6－仲丁醇；7－正丁醇；8－异戊醇

3. 定量检测

进标准使用液 1 μL，得到色谱图，得到峰面积。进 1 μL 待测样液，制得色谱图，得到峰面积，与标准的峰面积比较计算。重复 2 次。

五、结果计算

按下式计算样品中某组分的含量：

$$X = \frac{h_1 \times A \times V_1}{h_2 \times V_2 \times 1\,000} \times 100$$

式中：X——样品中某组分的含量，g/100 mL；

A——进样标准中某组分的含量，mg/mL；

h_1——样品中某组分的峰面积；

h_2——标样中某组分的峰面积；

V_1——样品液进样量，μL；

V_2——标准液进样量，μL。

注：高级醇总量以异丁醇、异戊醇总量计算。

【注意事项】

1. 使用气相色谱仪时要注意，开机时必须先通入载气，再开电源，实验结束时应先关掉电源，待柱箱温度降低到室温时再关载气。

2. 微量注射器移取溶液时，必须注意液面上气泡的排除，抽液时应缓慢上提针芯，若有气泡，可将注射器针尖向上，使气泡上浮推出。如果仪器配有全自动进样器，可采用全自动进样器进样。

3. 注意氮氢空一体机的使用及维护(电解液的配制、变色硅胶的更换等)。如果是使用氢气气瓶，应注意气瓶安全温度不要超过 40 ℃，在 2 m 以内不得有明火。使用完毕，立即关闭氢气钢瓶的气阀。

4. 该方法最低检出限：正丙醇、正丁醇 0.2 ng；异戊醇、正戊醇 0.15 ng；仲丁醇、异丁醇 0.2 ng。

5. 在重复性条件下获得的两次独立测定结果的绝对差值不得超过算术平均值的 2%。

【思考题】

1. 气相色谱法测定甲醇和高级醇如采用内标法的内标物应符合哪些条件？如何计算以某内标物为标准的平均相对校正因子？要使分离效果进一步得到改进，可采取哪些方法？

2. 气相色谱法测定蒸馏酒中甲醇含量的色谱条件是什么？

(韩俊华，金玉红)

Ⅱ 比色法测定蒸馏酒中甲醇

一、实验目的

掌握比色法测定甲醇的原理及注意事项。

二、实验原理

酒中甲醇在磷酸溶液中被高锰酸钾氧化成甲醛，过量的高锰酸钾及在反应中产生的二氧化锰用草酸-硫酸溶液除去，甲醛与品红-亚硫酸作用生成蓝紫色醌型化合物，与标准系列比较定量。

三、试剂与仪器

1. 试剂

（1）高锰酸钾-磷酸溶液　称取 3 g 高锰酸钾，加入 15 mL 磷酸（85%）与 70 mL 水，待高锰酸钾溶解后加水定容至 100 mL，贮于棕色瓶内。该溶液保存时间不宜过长，防止氧化能力下降。

（2）草酸-硫酸溶液　称取 5 g 无水草酸（$H_2C_2O_4$）或 7 g 含两分子结晶水的草酸，溶于硫酸（1+1）中并用 1:1 冷硫酸定容至 100 mL。混匀后，贮于棕色瓶中备用。

（3）品红-亚硫酸溶液　称取 0.1 g 碱性品红，研细后，分次加入共 60 mL 80 ℃ 的水，边加水边研磨使其溶解，滤于 100 mL 容量瓶中，冷却后加 10 mL 亚硫酸钠溶液（100 g/L），1 mL 盐酸，再加水至刻度，充分混匀，放置过夜。如溶液有颜色，可加少量活性炭搅拌后过滤，贮于棕色瓶中，置暗处保存，溶液呈红色时应弃去重新配制。

（4）10.0 mg/mL 甲醇标准溶液　称取 1.000 g 甲醇，置于 100 mL 容量瓶中，加水稀释至刻度，冰箱保存。

（5）0.50 mg/mL 甲醇标准使用液　吸取 10.0 mL 甲醇标准溶液，置于 100 mL 容量瓶中，加水稀释至刻度。再取 25.0 mL 稀释液于 50 mL 容量瓶中，加水至刻度，混匀。

（6）无甲醇的乙醇溶液　取 0.3 mL 乙醇（95%）按操作方法检查，不应显色。如显色需进行处理。

处理方法：取 300 mL 乙醇（95%），加高锰酸钾少许（2 g 左右），蒸馏，收集馏出液。在馏出液中加入硝酸银溶液（取 1 g 硝酸银溶于约 2 mL 水中）和氢氧化钠溶液（取 1.5 g 氢氧化钠溶于 3~5 mL 水中），摇匀，取上清液蒸馏，弃去最初 50 mL 馏出液，收集中间馏出液约 200 mL，用酒精比重计测其浓度，然后加水配成无甲醇的乙醇（体积分数为 60%）。

（7）100 g/L 亚硫酸钠溶液　称取 10.0 g 亚硫酸钠，置于 100 mL 容量瓶中，加水稀释至刻度。

2. 仪器

分光光度计。

四、操作步骤

1. 甲醇标准曲线的制作

精确吸取 0 mL、0.10 mL、0.20 mL、0.40 mL、0.60 mL、0.80 mL、1.00 mL 甲醇标准使用液分别置于 25 mL 具塞比色管中，各加入 0.5 mL 60% 无甲醇的乙醇溶液，加水至 5 mL，再依次加入 2 mL 高锰酸钾-磷酸溶液，混匀，放置 10 min。于各管中加入 2 mL 草酸-硫酸溶液，混匀后静置，使溶液褪色。各管再加入 5 mL 品红-亚硫酸溶液，混匀，于室温（20 ℃ 以上）静置 0.5 h，以 0 管调零，于 590 nm 波长处测吸光度。以甲醇含量为横坐标，以吸光度值为纵坐标，绘制标准曲线并得到线性回归方程。

2. 样品中甲醇含量的测定

根据待测酒中含乙醇多少适当取样(含乙醇 30% 取 1.0 mL；40% 取 0.8 mL；50% 取 0.6 mL；60% 取 0.5 mL)于 25 mL 具塞比色管中，各加水至 5 mL，以后操作同"甲醇标准曲线的制作"。根据测得的样品吸光度值，在标准曲线上查得相应的甲醇含量。

五、结果计算

按下式计算试样中甲醇的含量：

$$X = \frac{m}{V \times 1\,000} \times 100$$

式中：X——试样中甲醇的含量，g/100 mL；

m——测定试样中甲醇的质量，mg；

V——试样体积，mL。

在重复性条件下获得的 2 次独立测定结果的绝对差值不得超过算术平均值的：甲醇含量 ≥0.10 g/100 mL 的为 ≤15%；甲醇含量 <0.10 g/100 mL 的为 ≤20%。

【注意事项】

1. 如果样品为有色酒，须经过蒸馏后才能测定，方法如下：吸取 100 mL 试样于 250 mL 或 500 mL 全玻璃蒸馏器中，加 50 mL 水，再加入玻璃珠数粒，蒸馏，用 100 mL 容量瓶收集馏出液 100 mL。将蒸馏后的试样倒入量筒中，测试其乙醇浓度，同时测定温度，换算成温度为 20℃时的乙醇浓度(体积分数)。

2. 品红必须全部溶解冷却后，再加入亚硫酸溶液，加入量不可太多，否则方法灵敏度降低。品红-亚硫酸溶液配制后放冰箱或暗处 24～48 h 之后再使用。品红-亚硫酸溶液呈红色时应重新配制。

3. 蒸馏酒中其他醛类以及经高锰酸钾氧化后由醇类变成的醛类(如乙醛、丙醛等)也与品红-亚硫酸作用显色，但在一定浓度的硫酸溶液中除甲醛可形成经久不褪的紫色外，其他醛类显的颜色很快消退或不显色。因此，操作中时间条件必须严格控制。

4. 酒样和标准溶液中的乙醇浓度对比色有一定的影响，故样品与标准管中乙醇含量要大致相等。

【思考题】

品红-亚硫酸比色法测定蒸馏酒中甲醇含量的原理及注意事项是什么？

(金玉红，韩俊华)

Ⅲ　比色法测定蒸馏酒中杂醇油

一、实验目的

掌握比色法测定杂醇油的原理及注意事项。

二、实验原理

杂醇油成分复杂,其中有正乙醇、正戊醇、异戊醇、正丁醇、异丁醇、丙醇等。本法测定标准以异戊醇和异丁醇表示。异戊醇和异丁醇在硫酸作用下生成异戊烯和异丁烯,与对二甲氨基苯甲醛作用生成橙黄色化合物,与标准系列比较定量。

三、试剂与仪器

1. 试剂

(1)5 g/L 对二甲氨基苯甲醛-硫酸溶液　取 0.5 g 对二甲氨基苯甲醛,加浓硫酸溶解至 100 mL。

(2)无杂醇油的乙醇　取 0.1 mL 乙醇按分析步骤检查不显色,如显色需进行处理。取"Ⅱ　比色法测定蒸馏酒中甲醇"中"试剂(6)"的中间馏出液,加 0.25 g 盐酸间苯二胺,加热回流 2 h,用分馏柱控制沸点进行蒸馏,收集馏出液 100 mL。再取 0.1 mL 按分析步骤测定不显色即可。

(3)1 mg/mL 杂醇油标准溶液　准确称取 0.080 g 异戊醇和 0.020 g 异丁醇于 100 mL 容量瓶中,加无高级醇的乙醇 50 mL,再加水稀释至刻度,冰箱保存。

(4)0.10 mg/mL 杂醇油标准使用液　吸取杂醇油标准溶液 5.0 mL 于 50 mL 容量瓶中,加水稀释至刻度。

2. 仪器

分光光度计。

四、操作步骤

吸取 1.0 mL 试样于 10 mL 容量瓶中,加水至刻度,混匀后,吸取 0.30 mL,置于 10 mL 比色管中。含糖、着色、沉淀、混浊的蒸馏酒和配制酒应按上述"Ⅱ　比色法测定蒸馏酒中甲醇"中"注意事项"进行操作,取其蒸馏液作为试样。

吸取 0 mL、0.10 mL、0.20 mL、0.30 mL、0.40 mL、0.50 mL 杂醇油标准使用液(相当 0 mg、0.010 mg、0.020 mg、0.030 mg、0.040 mg、0.050 mg 杂醇油),置于 10 mL 比色管中。

于试样管及标准管中各准确加水至 1 mL,摇匀,放入冷水中冷却,沿管壁加入 2 mL 对二甲氨基苯甲醛-硫酸溶液,使其沉至管底,再将各管同时摇匀,放入沸水浴中加热 15 min 后取出,立即各加入 2 mL 水,混匀,冷却。10 min 后用 1 cm 比色杯以零管调节零点，于波长 520 nm 处测吸光度，绘制标准曲线。

五、结果计算

按下式计算试样中杂醇油的含量：

$$X = \frac{m \times 10}{V_2 \times V_1 \times 1\,000} \times 100$$

式中：X——试样中杂醇油的含量，g/100 mL；

m——测定试样稀释液中杂醇油的质量，mg；

V_2——试样体积，mL；

V_1——测定用试样稀释体积，mL。

在重复性条件下获得的 2 次独立测定结果的绝对差值不得超过算术平均值的 10%。

【思考题】

用比色法测定高级醇要注意什么？

（韩俊华）

实验十二　食品中亚硝酸盐的测定

Ⅰ　比色法

一、实验目的
掌握分光光度法测定亚硝酸盐的原理和注意事项。

二、实验原理
在弱碱性条件下，用热水从样品中提取亚硝酸离子，然后用亚铁氰化钾和乙酸锌沉淀蛋白，再去除脂肪。在弱酸条件下，亚硝酸盐与对氨基苯磺酸重氮化后，再与盐酸萘乙二胺偶合成紫红色染料，与标准系列比较定量。化学反应式如下：

$$2HCl + NaNO_2 + H_2N\text{—}\bigcirc\text{—}SO_3H \xrightarrow{\text{重氮化}} Cl\text{—}N\text{≡}N\text{—}\bigcirc\text{—}SO_3H + NaCl + 2H_2O$$

$$2HCl \cdot H_2NH_2CH_2CHN\text{—}\bigcirc\bigcirc + Cl\text{—}N\text{≡}N\text{—}\bigcirc\text{—}SO_3H \xrightarrow{\text{偶合}}$$
盐酸萘乙二胺

$$2HCl \cdot H_2NH_2CH_2CHN\text{—}\bigcirc\bigcirc\text{—}N\text{=}N\text{—}\bigcirc\text{—}SO_3H + HCl$$
紫红色

三、试剂与仪器

1. 试剂
(1)亚铁氰化钾溶液　称取106.0 g亚铁氰化钾[$K_4Fe(CN)_6 \cdot 3H_2O$]，用水溶解并稀释至1 000 mL。

(2)乙酸锌溶液　称取220.0 g乙酸锌[$Zn(CH_3COO)_2 \cdot 2H_2O$]，加30 mL冰乙酸，溶于水中并稀释至1 000 mL。

(3)饱和硼砂溶液　称取5.0 g硼酸钠($Na_2B_4O_7 \cdot 10H_2O$)，溶于100 mL热水中，冷却备用。

(4)4 g/L对氨基苯磺酸溶液　称取0.4 g对氨基苯磺酸，溶于100 mL 20%盐酸中，置于棕色瓶中混匀，避光保存。

(5)2 g/L盐酸萘乙二胺溶液　称取0.2 g盐酸萘乙二胺，溶解于100 mL水中，混匀，置棕色瓶中，避光保存。

（6）200 μg/mL 亚硝酸钠标准溶液　准确称取 0.1000 g 于硅胶干燥器中干燥 24 h 的亚硝酸钠，加水溶解，移入 500 mL 容量瓶中，加水稀释至刻度，混匀。

（7）5.0 μg/mL 亚硝酸钠标准使用液　吸取亚硝酸钠标准溶液 5.00 mL 于 200 mL 容量瓶中，加水稀释至刻度。临用新配。

2. 仪器

小型绞肉机，分光光度计。

四、操作步骤

1. 试样处理

称取 5.0 g 经绞碎混匀的试样于 50 mL 烧杯中，加 12.5 mL 硼砂饱和溶液，搅拌均匀，以 70℃ 左右的热水约 300 mL 将试样洗入 500 mL 容量瓶中，于沸水浴中加热 15 min，取出后冷却至室温，然后一面转动，一面加入 5 mL 亚铁氰化钾溶液，摇匀，再加入 5 mL 乙酸锌溶液，以沉淀蛋白质。加水至刻度，摇匀，放置 30 min，除去上层脂肪，清液用滤纸过滤，弃去初滤液 30 mL，滤液备用。

2. 测定

吸取 40.0 mL 上述滤液于 50 mL 带塞比色管中，另吸取 0.00 mL、0.20 mL、0.40 mL、0.60 mL、0.80 mL、1.00 mL、1.50 mL、2.00 mL、2.50 mL 亚硝酸钠标准使用液（相当于 0 μg、1 μg、2 μg、3 μg、4 μg、5 μg、7.5 μg、10 μg、12.5 μg 亚硝酸钠），分别置于 50 mL 带塞比色管中。

于标准管与试样管中分别加入 2 mL 对氨基苯磺酸溶液，混匀，静置 3~5 min 后各加入 1 mL 盐酸萘乙二胺溶液，加水至刻度，混匀，静置 15 min。用 2 cm 比色杯，以零管调节零点，于波长 538 nm 处测吸光度，绘制标准曲线。试样溶液吸光度与标准比较，同时做试剂空白试验。

五、结果计算

按下式计算试样中亚硝酸盐的含量：

$$X = \frac{m_1 \times 1\,000}{m \times \dfrac{V_1}{V_2} \times 1\,000}$$

式中：X——试样中亚硝酸盐的含量，mg/kg；

m——试样质量，g；

m_1——测定用样液中亚硝酸盐的质量，μg；

V_1——试样处理液总体积，mL；

V_2——测定用样液体积，mL。

计算结果保留 2 位有效数字。

【注意事项】

1. 样品溶液中加入硫酸锌和氢氧化钠溶液，生成的氢氧化锌沉淀可挟走蛋白质，促使样液澄清。

2. 多种氧化物及还原物会对显色反应产生干扰作用，其中最主要的是维生素 C。大量氯化钠的存在对测定也有干扰，当溶液中氯化钠达到 10 g/L 时，使生成的偶氮化合物出现褪色及沉淀。此时可在样品中加入盐酸酸化蒸馏，馏出液经对氨基苯磺酸溶液吸收，而后加入盐酸萘乙二胺溶液显色。

3. 盐酸萘乙二胺有致癌作用，使用时应注意安全。

4. 一般肉制品都有一定的空白值，即肉空白。在测定亚硝酸盐含量低的样品时，尤其注意肉空白的影响。

5. 本法检出限为 1 mg/kg。

【思考题】

1. 亚铁氰化钾和乙酸锌的作用是什么？

2. 用盐酸萘乙二胺法测定时，从样品中提取亚硝酸盐的条件是什么？亚硝酸盐与显色剂反应的条件是什么？

（王　聪）

Ⅱ　快速法

国内已有多家企业根据国家标准测定亚硝酸盐的盐酸萘乙二胺法的原理，生产出了亚硝酸盐快速测定试剂盒或管，可用于现场快速检测，对样品亚硝酸盐的含量作初步判断。

液体样品检测：直接取澄清液体样品 1 mL 加入到检测管中，摇溶，10 min 后与标准色板对比，找出与检测管中溶液颜色相同或相近的色阶，该色阶上的数值即为样品中亚硝酸盐的含量（mg/L，以 $NaNO_2$ 计）。有色的液体样品可加入一些活性炭脱色过滤后测定。

固体或半固体样品检测：先粉碎、混匀，取样品 1.0 g 或 1.0 mL，加水至 10 mL，充分震摇后放置，取上清液或滤液 1.0 mL 加入到检测管中，摇溶，10 min 后与标准色板对比，该色板上的数值乘上 10 即为样品中亚硝酸盐的含量（mg/kg 或 L，以 $NaNO_2$ 计）。

如果测试结果超出色板上的最高值，可定量稀释后测定。

（丁晓雯）

实验十三　油炸食品中丙烯酰胺的测定

一、实验目的

掌握高效液相色谱仪（HPLC）的工作原理和测定丙烯酰胺的注意事项。

二、实验原理

丙烯酰胺具有极强的水溶性，因此丙烯酰胺的提取一般利用水进行液相萃取。

本实验采用反相 HPLC，用非极性或弱极性填料分离柱 C_{18} 柱，流动相是极性或比固定相极性强的溶剂，样品中的丙烯酰胺因在两相中分配系数不同而得到分离，然后通过紫外检测器进行检测。

三、试剂与仪器

1. 试剂

（1）丙烯酰胺标准品（99.0%），甲醇（HPLC 级），甲酸、硫酸锌、亚铁氰化钾、正己烷、盐酸均为分析纯试剂，水为超纯水。

（2）亚铁氰化钾溶液　称取 106.0 g 亚铁氰化钾，用水溶解并稀释至 1 000 mL。

（3）硫酸锌溶液　称取 219.0 g 硫酸锌，加水溶解并稀释至 1 000 mL。

（4）0.1% 甲酸溶液　取 1 mL 甲酸溶液以超纯水定容至 1 000 mL。

（5）丙烯酰胺标准储备溶液（0.1 mg/mL）　准确称取 0.050 0 g 丙烯酰胺标准品，用 0.1% 甲酸溶液溶解后转移至 500 mL 棕色容量瓶，定容，摇匀，存放于 4℃ 冰箱中。

（6）丙烯酰胺标准使用溶液　取丙烯酰胺标准储备溶液用 0.1% 甲酸溶液配制成浓度分别为 1.0 mg/L、0.8 mg/L、0.6 mg/L、0.4 mg/L、0.2 mg/L 的系列标准使用液，现用现配。进样前脱气并用 0.45 μm 滤膜过滤处理。

2. 仪器

高效液相色谱仪（带紫外检测器），高速离心机，涡漩混合器，固相萃取装置，250 mm×4.6 mm、粒径 5 μm 的 C_{18} 色谱柱，石墨化碳黑固相萃取（SPE）小柱（6 mL, 500 mg），0.45 μm 滤膜，平头微量进样器（如果仪器配有全自动进样器，则不需要）。

3. 色谱条件

（1）色谱柱　C_{18} 柱（250 mm×4.6 mm）。

（2）流动相　5% 甲醇，0.1% 甲酸，95% 超纯水。

（3）流速　0.6 mL/min。

（4）检测器　紫外检测器，检测波长 205 nm。

四、操作步骤

1. 样品处理

准确称取 5.0 g 左右预先均匀混合并研细的试样于 30 mL 离心管中，加 10 mL 0.1% 的甲酸溶液，5 mL 219 g/L 的硫酸锌溶液，5 mL 106 g/L 的亚铁氰化钾溶液，涡漩混合 2 min，静置 10 min，8 000 r/min 离心 20 min，上清液全部转移至分液漏斗中，分别用 10 mL 正己烷萃取 3 次，脱脂，弃去上层正己烷，从下层水相的中间部位准确吸取 5 mL 溶液，调 pH 7 左右，过石墨化碳黑固相萃取(SPE)小柱，SPE 小柱预先依次用 5 mL 甲醇和 5 mL 水全部通过小柱进行活化，收集中间 1 ~ 1.5 mL 流出液，过 0.45 μm 滤膜，进液相色谱测定。

2. 流动相预处理

流动相配制好后进行脱气，经 0.45 μm 滤膜过滤备用。

3. 丙烯酰胺标准曲线

各浓度的丙烯酰胺系列标准使用液各取 10 μL 注入高效液相色谱仪中，以丙烯酰胺浓度为横坐标，峰面积为纵坐标，绘制标准曲线。

4. 样品测定

取已处理好的样品液 10 μL 注入高效液相色谱仪中，根据待测样品色谱峰的保留时间定性，峰面积积分后对照丙烯酰胺标准曲线定量。

五、结果计算

根据下式计算样品中丙烯酰胺含量：

$$X = \frac{C \times V}{W}$$

式中：X——样品中丙烯酰胺含量，mg/kg；

C——标准曲线定量得到的提取液中丙烯酰胺浓度，mg/L；

V——样品中加入的提取液体积，mL；

W——称取的样品质量，g。

【注意事项】

1. 考虑到丙烯酰胺的弱碱性，选择用 0.1% 的甲酸溶液将其固定。

2. 由于样品中一般含有大量的淀粉和蛋白质等，因此选择加入硫酸锌溶液和亚铁氰化钾溶液去除蛋白，并且在提取过程中为避免淀粉糊化，不宜加热和超声提取。

3. 在固相萃取净化前，提取液的 pH 值调整为 7 左右，否则，由于样品的 pH 值不同，丙烯酰胺色谱峰的保留时间会发生变化，影响定性的准确性。

4. 该法最低检测限为 0.05 mg/L。

【思考题】

1. 丙烯酰胺主要存在于哪些食品中？对健康可能的危害主要有哪些？

2. 提取过程中，硫酸锌和亚铁氰化钾的作用是什么？

3. 在丙烯酰胺的提取和标准的配制过程中，为什么要用0.1%的甲酸？

4. 用HPLC法测定丙烯酰胺中，一般用什么色谱柱？什么检测器？检测波长是多少？

（王　聪）

实验十四 烘焙、油炸食品中反式脂肪酸含量的测定

I 傅立叶变换近红外光谱法

一、实验目的

掌握傅立叶变换近红外光谱法测定食品中反式脂肪酸的原理与方法；掌握傅立叶变换近红外光谱法基本操作要点。

二、实验原理

反式脂肪酸(trans fatty acid，TFA)是所有含有反式非共轭双键的不饱和脂肪酸的总称，因其与碳链双键相连的氢原子分布在碳链的两侧而得名。TFA 的构型见图 2-8。

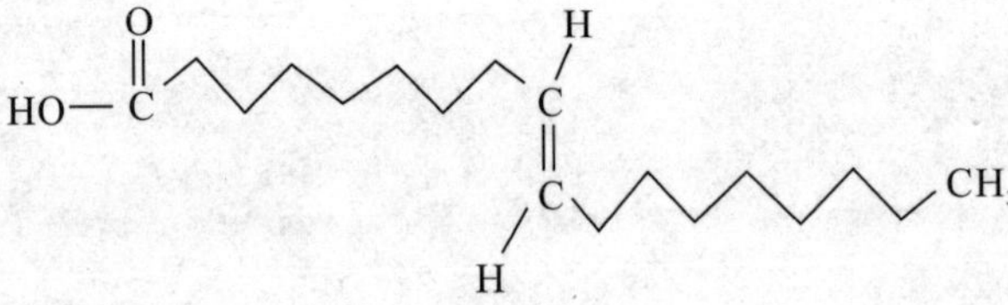

图 2-8 TFA 的构型

反式脂肪酸的反式构型双键由于其 C—H 的平面外振动，使得反式脂肪酸在 966 cm^{-1} 处存在最大吸收，而顺式构型的双键和饱和脂肪酸在此处却没有吸收。因此，利用这一性质采用傅立叶变换近红外光谱法(FF-NIR)可以确定油脂中是否存在反式脂肪酸，并且能对其进行定量分析。

三、试剂与仪器

1. 试剂

(1)三油酸甘油酯标准品(C18：1-6c)。

(2)三反油酸甘油酯标准品(C18：1-6t)。

(3)盐酸。

(4)乙醇(95%)。

(5)无水乙醚。

(6)石油醚(30~60 ℃沸程)。

除非另有规定，所有试剂均为分析纯。

2. 仪器

(1)傅立叶变换红外光谱仪，配置 DTGS 检测器和 HATR 附件(硒化锌晶体)；100 mL 具塞刻度量筒。

注1：DTGS：利用硫酸三甘肽晶体（简称 TGS）极化随温度改变的特性制成的一种红外检测器，经氘化处理后称为 DTGS。

注2：HATR：傅里叶红外光谱仪水平衰减全反射附件。

(2)红外光谱仪条件　波数范围：1 050～900 cm^{-1}；分辨率：4 cm^{-1}；在 1 050～900 cm^{-1} 波数范围内，分辨率 4 cm^{-1} 条件下，1 min 数据采集图谱的噪音应≤0.000 5 AU；扫描次数：32 次或 64 次。

四、操作步骤

1. 标准曲线的制备

将三反油酸甘油酯和三油酸甘油酯的混合标准溶液置于60℃水浴保温熔融后，取适量混合标准品直接转移到 HATR 附件的槽式硒化锌晶体上，并使其覆盖整块晶体，即刻采集其吸收光谱图。以混合标准品中三反油酸甘油酯的含量（%）为 X 轴，光谱图中 966 cm^{-1} 处反式脂肪酸特征峰的峰面积为 Y 轴建立一元线性回归方程。

2. 样品脂肪提取

(1)称取含植物油的食品试样 2.00 g（固体）或 10.00 g（液体）。固体试样置于 50 mL 大试管内，加 8 mL 水，混匀后再加 10 mL 盐酸；液体试样置于 50 mL 大试管内，加 10 mL 盐酸。

(2)将试管放入 70～80℃水浴中，每隔 5～10 min 用玻璃棒搅拌 1 次，至试样消化完全为止（此时试样水解液应该澄清），约需要 40～50 min。

(3)取出试管，加入 10 mL 乙醇，混合。冷却后将混合物移入 100 mL 具塞量筒中，以 25 mL 乙醚分次洗试管，一并倒入量筒中。待乙醚全部倒入量筒后，加塞振摇 1 min，小心开塞，放出气体，再塞好，静置 12 min，小心开塞，并用石油醚-乙醚等量混合液冲洗塞及筒口附着的脂肪。静置 10～20 min，待上部液体清晰，吸出上清液于已恒重的锥形瓶内，再加 5 mL 乙醚于具塞量筒内，振摇，静置后，仍将上层乙醚吸出，放入原锥形瓶内。将锥形瓶置水浴上蒸干其中的乙醚，于（100±50）℃烘箱中干燥 2 h，取出放干燥器内冷却 0.5 h 后，称量，重复以上操作直至恒重。

(4)样品中脂肪含量的计算

$$X = \frac{m_1 - m_0}{m_2} \times 100$$

式中：X——试样中粗脂肪的含量，%；

m$_1$——接收瓶和粗脂肪的质量，g；

m$_0$——接收瓶的质量，g；

m$_2$——试样的质量（如是测定水分后的试样，则按测定水分前的质量计），g。

计算结果保留小数点后 2 位数字。

在重复性条件下获得的 2 次独立测定结果的绝对差值不得超过算术平均值的10%。

3. 样品中反式脂肪酸的红外光谱法定性

反式脂肪酸的反式双键在 966 cm^{-1} 处有明显的特征峰。

4. 样品中反式脂肪酸的红外光谱法定量

将从样品中提取的脂肪或油脂样品置于 60 ℃ 水浴保温熔融(如用可控温 HATR,此步可省略),取适量直接转移到 HATR 附件的槽式硒化锌晶体上,并使样品覆盖整块晶体,立即采集吸收光谱图,得到光谱图中 966 cm^{-1} 处反式脂肪酸特征峰的峰面积,带入标准曲线线性回归方程,即得到反式脂肪酸的含量(%,以脂肪计)。

【注意事项】

1. 如果油脂出现混浊或云雾状,表明其中含有水分。由于水分的红外吸收峰会影响反式脂肪酸的定量,因此,脂肪必须先用无水硫酸钠脱水,经过滤或离心,获得均匀清澈的样品才能用红外光谱仪进行测定。

2. 由于红外光谱法所定量的是脂肪酸中所有的反式脂肪酸,不受反式脂肪酸具体构成(碳链长度或反式双键的个数)的影响,较气相色谱法更简便、更快速。

3. 一般食品和营养标签中反式脂肪酸含量的分析,可先用红外光谱法测定,若含量较低且需要进一步定量,则再采用气相色谱法进行测定。

【思考题】

简述傅立叶变换近红外光谱法测定油脂中反式脂肪酸的原理。

Ⅱ 气相色谱法

一、实验目的

掌握气相色谱法测定反式脂肪酸的原理;掌握气相色谱法基本操作要点。

二、实验原理

脂肪酸是天然脂肪经水解而得的脂肪族一元羧酸,它们是由 4~24 个碳原子组成的链,按其结构分为饱和与不饱和脂肪酸。在不饱和脂肪酸分子中,因双键位置的不同产生了异构化分子,即顺式脂肪酸和反式脂肪酸。由于结构上的差异,使脂肪酸在气相色谱柱上保留时间不同,在碳链中双键反式异构体要比顺式异构体先洗脱。根据这一性质,用有机溶剂提取食品中的植物油脂,提取物(植物油脂)在碱性条件下与甲醇进行酯交换反应,生成脂肪酸甲酯。采用气相色谱法分离顺式脂肪酸甲酯和反式脂肪酸甲酯。依据内标法定量反式脂肪酸。

三、试剂与仪器

1. 试剂

除非另有说明,所有试剂均为分析纯;分析用水应符合 GB/T 6682—2008 规定的二级水规格。

(1)盐酸　优级纯。

(2)无水乙醇。

(3)无水乙醚。

(4)石油醚　沸程 60~90 ℃。

(5)异辛烷　色谱纯。

(6)一水合硫酸氢钠　$NaHSO_4 \cdot H_2O$。

(7)无水硫酸钠　约 650 ℃灼烧 4 h,降温后贮于干燥器内。

(8)2 mol/L 氢氧化钾-甲醇溶液　称取 13.1 g 氢氧化钾,溶于约 80 mL 甲醇中。冷却至室温,用甲醇定容至 100 mL,加入约 5 g 无水硫酸钠,充分搅拌后过滤,保留滤液备用。

(9)内标溶液　称取适量的十三烷酸甲酯标准品(纯度不低于 99%),用异辛烷配制成浓度为 1 mg/mL 的溶液。

(10)脂肪酸甲酯标准品　十八烷酸甲酯、反-9-十八碳烯酸甲酯、顺-9-十八碳烯酸甲酯、反-9,12-十八碳二烯酸甲酯、顺-9,12-十八碳二烯酸甲酯、反-9,12,15-十八碳三烯酸甲酯、顺-9,12,15-十八碳三烯酸甲酯、二十烷酸甲酯、顺-11-二十碳烯酸甲酯。

(11)脂肪酸甲酯混合标准溶液 Ⅰ　称取适量脂肪酸甲酯标准品(精确到 0.1 mg),用异辛烷配制成每种脂肪酸甲酯含量约为 0.02~0.1 mg/mL 的溶液。

(12)脂肪酸甲酯混合标准溶液 Ⅱ　称取适量十三烷酸甲酯、反-9-十八碳烯酸甲酯、反-9,12-十八碳二烯酸甲酯、顺-9,12,15-十八碳三烯酸甲酯各 10 mg(精确到 0.1 mg)于 100 mL 的容量瓶中,用异辛烷定容至刻度,混合均匀备用。

2. 仪器

气相色谱仪(配有氢火焰离子化检测器),色谱柱(石英交联毛细管柱,固定液为高氰丙基取代的聚硅氧烷,柱长 100 m,内径 0.25 mm,涂膜厚度 0.2 μm)或性能相当的色谱柱,粉碎机,组织捣碎机,分析天平。

3. 试样的制备

(1)含植物油呈块状或颗粒状的食品样品　取有代表性的样品至少 200 g,用粉碎机粉碎或用研钵研细,置于密闭的玻璃容器内保存。

(2)含植物油呈粉末状、糊状或液体(包括植物油脂)的食品样品　取有代表性的样品至少 200 g,充分混匀,置于密闭的玻璃容器内保存。

(3)固体食品样品　取有代表性的样品至少 200 g,用组织捣碎机捣碎,置于密闭的玻璃容器内保存。

四、操作步骤

1. 含植物油的食品样品中脂肪定量

(1)称取含植物油的食品试样 2.00 g(固体)或 10.00 g(液体),固体试样置于 50 mL

大试管内，加 8 mL 水，混匀后再加 10 mL 盐酸；液体试样置于 50 mL 大试管内，加 10 mL 盐酸。

（2）将试管放入 70~80℃ 水浴中，每隔 5~10 min 以玻璃棒搅拌一次，至试样消化完全为止，40~50 min。

（3）取出试管，加入 10 mL 乙醇，混合。冷却后将混合物移入 100 mL 具塞量筒中，以 25 mL 乙醚分次洗试管，一并倒入量筒中，加塞振摇 1 min，小心开塞，放出气体，再塞好，静置 12 min，小心开塞，并用石油醚-乙醚等量混合液冲洗塞及筒口附着的脂肪。静置 10~20 min，待上部液体清晰，吸出上清液于已恒重的锥形瓶内，再加 5 mL 乙醚于具塞量筒内，振摇，静置后，仍将上层乙醚吸出，放入原锥形瓶内。将锥形瓶置水浴上蒸干乙醚和石油醚，置(100±50) ℃ 烘箱中干燥 2 h，取出放干燥器内冷却 0.5 h 后称量，重复以上操作直至恒重。

（4）脂肪含量的计算

$$X = \frac{m_1 - m_0}{m_2} \times 100$$

式中：X——试样中粗脂肪的含量，%；

m_1——接收瓶和粗脂肪的质量，g；

m_0——接收瓶的质量，g；

m_2——试样的质量（如是测定水分后的试样，则按测定水分前的质量计），g。

计算结果保留小数点后 2 位数字。

在重复性条件下获得的 2 次独立测定结果的绝对差值不得超过算术平均值的 10%。

2. 含植物油的试样中脂肪的提取

称取含植物油的食品试样 2.00 g(固体)或 10.00 g(液体)，置于 100 mL 试管内，加 8 mL 水。混合均匀后再加 10 mL 盐酸。将大试管和内容物置于 60℃ 水浴中加热 40~50 min。每隔 5~10 min 用玻璃棒搅拌一次，至试样消化完全。加入 10 mL 乙醇，混合均匀，冷却至室温。加入 25 mL 乙醚，振摇 1 min，再加入 25 mL 石油醚，振摇 1 min，静置分层。将有机溶液层转移到圆底烧瓶中，于 60℃ 将有机溶剂(乙醚和石油醚)蒸干，保留脂肪。

注：如果试样中脂肪含量较低，应按比例加大取样量和试剂量。

3. 脂肪酸甲酯的制备

称取约 60 mg(精确到 0.1 mg)植物油或经上述步骤提取的脂肪于 10 mL 具塞试管中，依次加入 0.5 mL 内标溶液，4 mL 异辛烷，0.2 mL 氢氧化钾-甲醇溶液，塞紧试管塞，剧烈振摇 1~2 min，至试管内混合溶液澄清。加入 1 g 一水合硫酸氢钠，剧烈振摇 0.5 min，静置，取上清液待测。

4. 测定

（1）色谱条件

色谱柱温度：60 ℃，5 min $\xrightarrow{5\,℃/min}$ 165 ℃，1 min $\xrightarrow{2\,℃/min}$ 225 ℃，17 min。

气化室温度：240 ℃。

检测器温度：250 ℃。

氢气流速：30 mL/min。

空气流速：300 mL/min。

载气：氦气，纯度大于99.995%，流速1.3 mL/min。

分流比：1:30。

（2）相对质量校正因子的确定　吸取1 μL脂肪酸甲酯混合标准溶液Ⅱ注入气相色谱仪，在上述色谱条件下确定十三烷酸甲酯、反-9-十八碳烯酸甲酯、反-9,12-十八碳二烯酸甲酯、顺-9,12,15-十八碳三烯酸甲酯各自色谱峰的位置和峰面积。色谱图见图2-9。

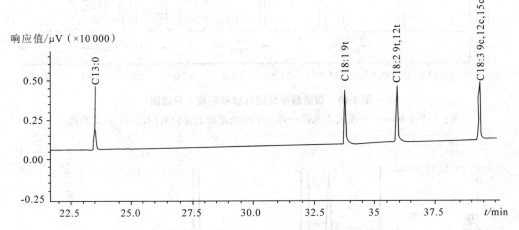

图2-9　脂肪酸甲酯混合标准溶液Ⅱ色谱图

反-9-十八碳烯酸甲酯、反-9,12-十八碳二烯酸甲酯、顺-9,12,15-十八碳三烯酸甲酯与十三烷酸甲酯相对应的质量校正因子（f_m）按下式计算。

$$f_m = \frac{m_j A_{st}}{m_{st} A_j}$$

式中：m_j——脂肪酸甲酯混合标准溶液Ⅱ中反-9-十八碳烯酸甲酯、反-9,12-十八碳二烯酸甲酯或顺-9,12,15-十八碳三烯酸甲酯的质量，mg；

　　　A_{st}——十三烷酸甲酯的色谱峰面积；

　　　m_{st}——脂肪酸甲酯混合标准溶液Ⅱ中十三烷酸甲酯的质量，mg；

　　　A_j——反-9-十八碳烯酸甲酯、反-9,12-十八碳二烯酸甲酯或顺-9,12,15-十八碳三烯酸甲酯的色谱峰面积。

注1：相对质量校正因子至少一个月测定一次，或每次重新安装色谱柱后也应测定。

注2：反式十八碳一烯酸甲酯、反式十八碳二烯酸甲酯、反式十八碳三烯酸甲酯的相对质量校正因子值分别对应于反-9-十八碳烯酸甲酯、反-9,12-十八碳二烯酸甲酯、顺-9,12,15-十八碳三烯酸甲酯的校正因子值。

（3）反式脂肪酸甲酯色谱峰的判断　吸取1 μL脂肪酸甲酯混合标准溶液Ⅰ注入气相色谱仪，在上述色谱条件下，反式十八碳一烯酸甲酯、反式十八碳二烯酸甲酯、反式十八碳三烯酸甲酯色谱峰的位置应符合图 2-10 ~ 图 2-12 所示。

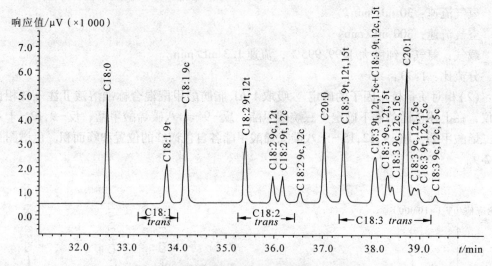

图 2-10 脂肪酸甲酯混合标准溶液 I 色谱图

注：C18:1 *trans*——反式十八碳一烯酸甲酯色谱峰的保留时间区域；依此类推。

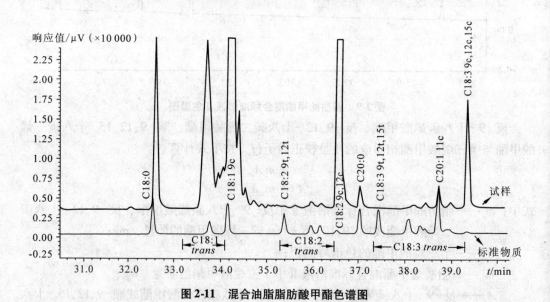

图 2-11 混合油脂脂肪酸甲酯色谱图

采用不同型号的色谱柱进行分离时，二十碳烷酸甲酯和二十碳一烯酸甲酯显示的色谱峰可能不在同一位置，辨别和计算反式脂肪酸时应排除这两种成分。如果二十碳烷酸甲酯、二十碳一烯酸甲酯含量较高且色谱峰与反式十八碳三烯酸甲酯色谱峰难以辨别时，可按以下色谱条件进行分离。

色谱柱：石英交联毛细管柱；固定液为 70% 氰丙基聚苯撑硅氧烷；柱长 50 m，内径 0.22 mm，涂膜厚度 0.25 μm；或性能相当的色谱柱。

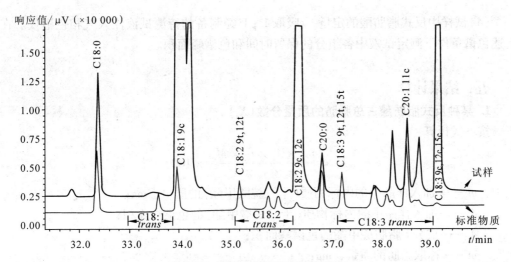

图 2-12 菜籽油脂肪酸甲酯色谱图

升温程序：150 ℃ $\xrightarrow{3\,℃/min}$ 240 ℃，10 min。

气化室温度：240 ℃。

检测器温度：250 ℃。

氢气流速：30 mL/min。

空气流速：300 mL/min。

载气：氦气，纯度不低于99.99%。

柱压：206.8 kPa。

分流比：1:30。

反式十八碳三烯酸甲酯与二十碳烷酸甲酯、二十碳一烯酸甲酯色谱峰的位置应符合图 2-13 所示。

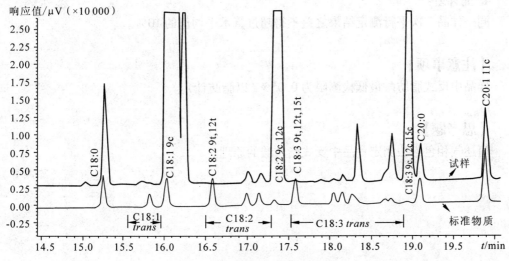

图 2-13 菜籽油脂肪酸甲酯色谱图

(4)试样中反式脂肪酸的定量　吸取 1 μL 经制备的待测试液注入气相色谱仪。在上述色谱条件下测定试液中各组分的保留时间和色谱峰面积。

五、结果计算

1. 某种反式脂肪酸占总脂肪的质量分数(X_i)

按下式计算：

$$X_i = \frac{m_s \times A_i \times f_m \times M_{ai}}{m \times A_s \times A_{ei}} \times 100$$

式中：m_s——加入样品中的内标物质(十三烷酸甲酯)的质量，mg；

A_s——加入样品中的内标物质(十三烷酸甲酯)的色谱峰面积；

A_i——成分 i 脂肪酸甲酯的色谱峰面积；

m——称取脂肪的质量，mg；

M_{ai}——成分 i 脂肪酸的相对分子质量；

M_{ei}——成分 i 脂肪酸甲酯的相对分子质量；

f_m——相对质量校正因子。

2. 脂肪中反式脂肪酸的质量分数(X_t)

按下式计算：

$$X_t = \sum X_i$$

3. 食品中反式脂肪酸的质量分数(X)

按下式计算：

$$X = X_t \times X_z$$

式中：X_z——测定的脂肪质量分数，%。

4. 允许差

同一样品 2 次平行测定结果之差不得超过算术平均值的 10%。

【注意事项】

样品中反式脂肪酸最低检测限为 0.05%(以脂肪计)。

【思考题】

简述气相色谱法测定食品中反式脂肪酸的原理。

（陈燕卉）

实验十五 食品中黄曲霉毒素 B_1、B_2、G_1、G_2 的测定

Ⅰ 高效液相色谱法

一、实验目的

学习高效液相色谱法测定食品中的黄曲霉毒素；掌握高效液相色谱仪的基本操作。

二、实验原理

样品用乙腈-水提取，提取液过滤后，经装有反相离子交换吸附剂的多功能净化柱，去除脂肪、蛋白质、色素及碳水化合物等干扰物质。净化液中的黄曲霉毒素用三氟乙酸衍生，用带有荧光检测器的高效液相色谱仪进行分析，外标法定量。

三、试剂与仪器

1. 试剂

（1）黄曲霉毒素 B_1、B_2、G_1、G_2 标准品 纯度 >99%。

（2）乙腈 色谱纯，分析纯。

（3）乙腈-水（84+16） 量取乙腈（分析纯）840 mL，加水 160 mL，混匀。

（4）水-乙腈（85+15） 量取乙腈（色谱纯）150 mL，加超纯水 850 mL，混匀。

（5）黄曲霉毒素标准储备液 分别准确称取黄曲霉毒素 B_1 0.200 0 g、B_2 0.050 0 g、G_1 0.200 0 g、G_2 0.050 0 g，置于 10 mL 容量瓶中，加乙腈（分析纯）溶解，并稀释至刻度。此溶液每毫升含黄曲霉毒素 B_1、B_2、G_1、G_2 分别为 20 mg、5 mg、20 mg、5 mg。密封后避光 -30℃ 保存，2 年有效。

（6）黄曲霉毒素标准工作液 准确移取黄曲霉毒素标准储备液 1.00 μL 至 10 mL 容量瓶中，加乙腈（分析纯）稀释至刻度。此溶液每毫升含黄曲霉毒素 B_1、B_2、G_1、G_2 分别为 2 μg、0.5 μg、2 μg、0.5 μg。密封后避光 4℃ 保存，3 个月有效。

（7）黄曲霉毒素标准系列溶液 准确移取黄曲霉毒素 B_1、B_2、G_1、G_2 标准工作液 0 μL、2.5 μL、5 μL、10 μL、25 μL、50 μL 至 10 mL 容量瓶中，加乙腈（分析纯）稀释至刻度。标准系列含黄曲霉毒素 B_1、G_1 的浓度为 0.00 μg/L、0.5000 μg/L、1.000 μg/L、2.000 μg/L、5.000 μg/L、10.00 μg/L；标准系列含黄曲霉毒素 B_2、G_2 的浓度为 0.00 μg/L、0.1250 μg/L、0.250 0 μg/L、0.500 0 μg/L、1.250 μg/L、2.500 μg/L 的系列标准溶液。避光保存。

2. 仪器

高效液相色谱仪(附荧光检测器),C_{18}柱,含有反相离子交换吸附剂的多功能净化柱,电动振荡器,烘箱,离心机等。

四、操作步骤

1. 样品的提取

称取 20 g 经充分粉碎的样品至 250 mL 三角瓶中,加入 80 mL 乙腈-水(84 + 16)提取液,在电动振荡器上振荡 30 min 后,用定性滤纸过滤,收集滤液。

2. 样品净化

移取约 8 mL 提取液至多功能净化柱的玻璃管内,将多功能净化柱的填料管插入玻璃管中并缓慢推动填料管,净化液被收集到多功能净化柱的收集池中。

3. 样品的衍生化

从多功能净化柱的收集池内转移 2 mL 净化液到棕色带塞小瓶中,在真空吹干机下 60℃吹干(或在 60℃水浴下氮气吹干,注意不要使液体鼓泡、飞溅)。加入 200 μL 正己烷和 100 μL 三氟乙酸,密闭混匀 30 s 后,在 40℃烘干箱中衍生 15 min。室温真空吹干机吹干(或室温水浴下氮气吹干),以 200 μL 水-乙腈(85 + 15)溶解,混匀 30 s,1 000 r/min 离心 15 min,取上清液至液相色谱仪的样品瓶中,供测定用。

4. 黄曲霉毒素标准系列的衍生化

吸取黄曲霉毒素标准系列溶液各 200 μL,在真空吹干机下 60℃吹干(或在 60℃水浴下氮气吹干),衍生化方法同步骤 3。

5. 测定

(1)色谱条件

色谱柱:C_{18}柱(125 mm × 2.1 mm, 5 μm)。

柱温:30 ℃。

流速:0.5 mL/min。

流动相:乙腈(色谱纯),水,梯度洗脱的设置可参考表 2-1。调整洗脱梯度,使 4 种黄曲霉毒素的保留时间在 4 ~ 25 min。

表 2-1　流动相的梯度洗脱设置

时间/min	乙腈/%	水/%
0.00	15.0	85.0
6.00	17.0	83.0
8.00	25.0	75.0
14.00	15.0	85.0

荧光检测器:激发波长 360 nm;发射波长 440 nm。

进样量:25 μL。

(2)测定　黄曲霉毒素按照 G_1、B_1、G_2、B_2 的顺序出峰(图 2-15),以标准系列的峰面积对浓度分别绘制每种黄曲霉毒素的标准曲线和线性回归方程。样品通过与标准色谱图保留时间的比较定性；根据样品中每种黄曲霉毒素的峰面积通过标准曲线线性回归方程计算样品中各种黄曲霉毒素的含量。

五、结果计算

样品中各种黄曲霉毒素的浓度按下式计算：

$$X = \frac{c \times V}{m \times f}$$

式中：X——样品中各种黄曲霉毒素的浓度，$\mu g/kg$；

　　　c——样品在标准曲线中对应黄曲霉毒素的浓度，$\mu g/mL$；

　　　V——样品提取过程中提取液的体积，mL；

　　　m——样品的质量，g；

　　　f——样品溶液衍生后较衍生前的浓缩倍数。

在重复性条件下获得的 2 次独立测定结果的相对偏差不得超过算术平均值的 15%。

黄曲霉毒素的参考色谱图：黄曲霉毒素的出峰顺序为 G_1、B_1、G_2、B_2；当黄曲霉毒素 B_1、B_2、G_1、G_2 含量分别为 25.0 $\mu g/L$、6.25 $\mu g/L$、25.0 $\mu g/L$、6.25 $\mu g/L$ 时，产生的峰面积见图 2-14。

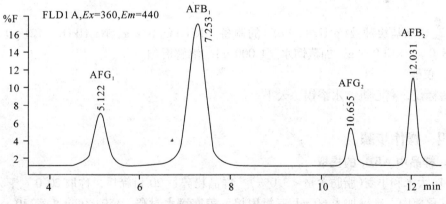

图 2-14　黄曲霉毒素的参考色谱图

【思考题】

1. 为什么要对样品进行衍生化处理？

2. 将净化液吹干的作用是什么？

3. 食品中黄曲霉毒素的测定除了高效液相色谱法，还有些什么方法？这些方法各有什么优缺点？

（郑　炯）

Ⅱ 酶联免疫试剂盒快速测定食品中黄曲霉毒素 B_1

一、实验目的

掌握酶联免疫(ELISA)法测定食品中黄曲霉毒素 B_1(AFB_1)的原理,了解实验操作要点;了解酶联免疫(ELISA)的工作原理和酶标仪的使用。

二、实验原理

酶联免疫试剂盒采用竞争性 ELISA 方法,样品中的 AFB_1 经提取、脱脂、浓缩后与定量特异性抗体反应,多余的游离抗体则与酶标板内的包被抗原结合,加入酶标记物和底物后显色,与标准系列比较定量。

三、试剂与仪器

1. 试剂

(1)试剂盒组成 AFB_1 抗原包被 16 孔×6 条形带框酶标板;AFB_1 标准品;抗体;酶标二抗;空白对照液;底物(1 mg×4);底物液 A;底物液 B;终止液;洗液(PBS - T)。

(2)磷酸盐缓冲液(pH7.4,PBS)的制备 KH_2PO_4 0.2 g,$Na_2HPO_4 \cdot 12H_2O$ 2.9 g,NaCl 8.0 g,KCl 0.2 g,加蒸馏水至 1 000 mL,溶解混匀。

2. 仪器

酶标仪,离心机,水浴锅,天平。

四、操作步骤

1. 样品中 AFB_1 的提取

(1)大米和小麦(脂肪含量<3.0%) 样品粉碎过 20 目筛后,称取 20.0 g 于 250 mL 具塞三角瓶中。准确加入 60 mL 三氯甲烷,盖塞滴水封严,150 r/min 振荡 30 min。静置后,用快速定性滤纸过滤于 50 mL 烧杯中,立即取 12 mL 滤液(相当 4.0 g 样品)于蒸发皿中,65 ℃水浴通风挥干。用 2.0 mL 甲醇-PBS (20 + 80)分 3 次(0.8 mL、0.7 mL、0.5 mL)溶解并彻底冲洗蒸发皿中凝结物,移至小试管中,加盖振荡后静置待测。此液每毫升相当 2.0 g 样品。

(2)玉米(脂肪含量 3.0% ~ 5.0%) 样品粉碎过 20 目筛后,称取 20.0 g 于 250 mL 具塞三角瓶中。准确加入 50.0 mL 甲醇-水(80 + 20)溶液和 15.0 mL 石油醚,盖塞后滴水封严,150 r/min 振荡 30 min。用快速定性滤纸过滤于 125 mL 分液漏斗中,待分层后,放出下层甲醇水溶液于 50 mL 烧杯内,从中取 10.0 mL (相当于 4.0 g 样品)于蒸发皿中,以下按上述(1)中"65℃水浴通风挥干"起,依法操作。

(3)花生(脂肪含量 15.0% ~ 45.0%) 样品去壳去皮粉碎后称取 20.0 g 于 250 mL

具塞三角瓶中，准确加入 100.0 mL 甲醇-水（55 + 45）溶液和 30 mL 石油醚，盖塞后滴水封严，150 r/min 振荡 30 min，静置 15 min 后用快速定性滤纸过滤于 125 mL 分液漏斗中，待分层后，放出下层甲醇水溶液于 100 mL 烧杯内，从中取 20.0 mL（相当于 4.0 g 样品）置于另一 125 mL 分液漏斗中，加入 20.0 mL 三氯甲烷，振摇 2 min，静置分层（如有乳化现象可滴加甲醇促使分层）。放出三氯甲烷（下层）于蒸发皿中，再加 5.0 mL 三氯甲烷于分液漏斗中重复振摇提取后，放出三氯甲烷层一并于蒸发皿中，以下按上述（1）中"65℃水浴通风挥干"起，依法操作。

（4）植物油　用小烧杯称取 4.0 g 样品，用 20.0 mL 石油醚将样品到 125 mL 分液漏斗中，用 20.0 mL 甲醇-水（55 + 45）溶液分次洗烧杯，溶液一并移入分液漏斗中。振摇 2 min，静置分层后，放出下层甲醇水溶液于蒸发皿中，再用 5.0 mL 甲醇水溶液重复振摇提取一次，提取液一并加入蒸发皿中，以下按（1）中"65℃水浴通风挥干"起，依法操作。

（5）其他食品　可按照类似方法操作，最终提取物（相当于 4.0 g 样品）应收集于 2.0 mL 甲醇-PBS（20 + 80）中。

2. 样品测定

（1）将下列试剂稀释后备用

①PBS - T 洗液：390 mL 蒸馏水稀释（1:40）。

②底物液 A：9 mL 蒸馏水稀释（1:9）。

③抗体：7.0 mL 洗液稀释（1:140）。

④酶标二抗：10 mL 洗液稀释（1:200）。

⑤阴性对照液：200 μL 抗体 + 200 μL 空白对照液在玻璃试管内混合振荡后静置。

（2）抗体抗原反应　将抗体与等量样品提取液（溶液为甲醇-PBS）在玻璃试管内混合振荡后室温静置 15 min。启封酶标板，用洗液 2 × 3 min 洗板后在吸水纸上拍干，分别在适当孔位加入此抗体抗原反应液及空白对照液（3 孔）和阴性对照液（3 孔），130 μL/孔，37 ℃湿盒中孵育（或加盖以保持相对湿度），2 h 后，倒掉反应液并拍干，用洗液 3 × 3 min 洗板，拍干。

（3）酶标记反应　加入酶标二抗，100 μL/孔，37 ℃盒中孵育 1 h 后，用洗液 5 × 3 min 洗板，拍干。

（4）显色反应

1mg 底物 + 2.5 mL 底物液 A + 42 μL 底物液 B，待底物充分溶解后加入酶标板，100 μL/孔，37 ℃ 15 min 后加终止液 40 μL/孔。

（5）测定　酶标仪 490 nm 测定各孔 OD 值。

（6）标准曲线的绘制　以标准品百分吸光率为纵坐标，以 AFB_1 标准品浓度的半对数为横坐标，绘制标准曲线。

五、结果计算

（1）求出各孔的 OD 校正值　OD 校正值 = OD 实测值 - 空白对照孔 OD 值（均值）。

(2)求出待测样的 $OD\%$ 值　　$OD\% = [OD$ 校正值/阴性对照孔 OD 校正值(均值)$]$ ×100% 。

(3)求出待测样 AFB_1 含量(ng/g)　　在标准竞争抑制曲线上找到待测样 $OD\%$ 值(坐标 Y 值)的对应点,该点坐标 X 值的反对数(10×)即为样品中 AFB_1 的含量(ng/g)。

【注意事项】

1. 戴手套操作。

2. 样品提取过程中用过的玻璃仪器需要重复使用时,应作解毒处理后再洗涤。

3. 操作时应手持酶标板板框,避免液体等沾污板底部,以保持酶标洁度。

4. 试剂盒如需分次使用,应在每次使用前根据用量稀释试剂,每次用多少稀释多少,剩下的酶标板和试剂应及时封存,4℃保存备用。如需保存较长时间则应 -20℃保存。但反复冻融后将导致抗体效价下降。

5. 使用前将所有试剂和板条的温度回升至室温;使用后立即将所有试剂放回冰箱,4℃保存备用。

6. 实验的所有恒温孵育过程应避免光线照射。

7. ELISA 法测定结果的再现性很大程度上取决于洗板的一致性,一定要注意。具体分析还要根据试剂盒的要求进行。

【思考题】

1. 简述 ELISA 方法定量检测黄曲霉毒素 B_1 的原理。

2. 实验对样品进行前处理的作用是什么?

(丁晓雯)

实验十六　食品中苯甲酸的测定

Ⅰ　高效液相色谱法

一、实验目的

进一步了解高效液相色谱仪的基本结构和工作原理；掌握高效液相色谱法定性、定量的依据。

二、实验原理

样品加温除去二氧化碳和乙醇，调 pH 值至近中性，过滤后进高效液相色谱仪，经高效液相色谱仪分离后，根据保留时间和峰面积进行定性和定量。

三、试剂与仪器

1. 试剂

（1）甲醇（色谱级）　0.45 μm 滤膜过滤后备用。

（2）氨水（1+1）　氨水与水等体积混合。

（3）0.02 mol/L 乙酸铵溶液　称取 1.54 g 乙酸铵，加水至 1 000 mL，溶解，脱气，经 0.45 μm 滤膜过滤后备用。

（4）20 g/L 碳酸氢钠溶液　称取 2 g 碳酸氢钠，加水至 100 mL，溶解、混匀即可。

（5）1 mg/mL 苯甲酸标准储备液　准确称取 0.100 g 苯甲酸，加 20 g/L 碳酸氢钠溶液 5 mL，加热溶解，移入 100 mL 容量瓶中，加水定容至 100 mL。

2. 仪器

高效液相色谱仪（带紫外检测器），超声波清洗器，10 μL 微量进样器。

四、操作步骤

1. 样品的处理

（1）汽水类　称取 5.00～10.0 g 样品，微微加热除去二氧化碳，用氨水（1+1）调 pH 值约为 7，加水定容至 25 mL，经 0.45 μm 滤膜过滤，备用。

（2）果汁类　称取 5.00～10.0 g 样品，用氨水（1+1）调 pH 值约为 7，加水定容至 25 mL，3 000 r/min 以上离心沉淀，上清液经 0.45 μm 滤膜过滤备用。

（3）配制酒类　称取 5.00～10.0 g 样品，水溶加热除去乙醇，用氨水（1+1）调 pH 值约为 7，加水定容至 25 mL，经 0.45 μm 滤膜过滤备用。

各样品均 3 次平行实验。

2. 色谱条件

色谱柱：C_{18}柱(4.6 mm × 250 mm)。

流动相：甲醇:0.02 mol/L 乙酸铵溶液(5:95)。

流速：1 mL/min。

进样量：10 μL。

检测器：紫外检测器。

波长：230 nm。

按规定进行色谱仪的开机和调试。

3. 苯甲酸标准曲线的制作

取苯甲酸标准溶液(1.0 mg/mL)配制成浓度分别为 0.000 mg/mL、0.020 mg/mL、0.040 mg/mL、0.080 mg/mL、0.160 mg/mL、0.320 mg/mL 的标准使用液，各吸取 10 μL 进样分析，根据苯甲酸的峰面积与相应的质量浓度进行线性回归，绘制标准曲线。

4. 待测样品的分析测定

取 10 μL 待测样品溶液上机测定，根据保留时间定性，根据对应的峰面积从标准曲线上查出或根据回归方程得到样液中苯甲酸的浓度。

五、结果计算

样品中苯甲酸的含量按下式计算：

$$X = \frac{m_1 \times 1\,000}{m_2 \times \dfrac{V_2}{V_1} \times 1\,000}$$

式中：X——样品中苯甲酸的含量，g/kg；

m_1——进样体积中苯甲酸的质量，mg；

V_2——进样体积，mL；

V_1——样品稀释液总体积，mL；

m_2——样品质量，g。

【注意事项】

实验完成后一定要用甲醇冲洗干净色谱柱(即将基线走平)，这样才能有效地延长色谱柱的寿命。

【思考题】

1. 实验前要对流动相进行如何处理？为什么？

2. 为什么要除去饮料中的二氧化碳？

(郭 鸽)

Ⅱ　禁用防腐剂的定性

一、硼酸、硼砂的定性

1. 实验原理

硼酸及硼酸盐与姜黄素反应，生成红色的化合物，此红色物质遇碱变为暗蓝色。

2. 试剂

(1)姜黄试纸　取优级纯的姜黄色素 0.1 g 溶于 400 mL 乙醇中，将滤纸浸透此溶液，取出晾干即制成黄色的姜黄试纸，保存在避光的容器中。此试纸的稳定性较差，最好在使用前制备。

(2)1+1 的盐酸　取盐酸 100 mL，加入到 100 mL 水中。

(3)40 g/L 的碳酸钠溶液。

(4)4 g/L 的氢氧化钠溶液。

3. 操作步骤

(1)样品处理　取 3~5 g 固体样品，用 40 g/L 的碳酸钠溶液湿润，于小火蒸干、碳化，于 500 ℃灰化。

取 10~20 mL 液体样品于蒸发皿中，加 40 g/L 的碳酸钠溶液使呈碱性，水浴上蒸干，于 500 ℃灰化。

(2)定性测定　灰分加少量水和盐酸(1+1)，确认样液呈酸性(可以用甲基红试纸检查)后，微温后过滤，把姜黄试纸浸入滤液中，取出试纸放于表面皿上，于 60~70℃干燥。如有硼酸、硼砂存在，试纸呈红色至橙红色。向试纸的呈色部分滴加 10% 的氨水，红色应变为暗蓝色。

4. 说明

(1)姜黄试纸必须要充分干燥。

(2)可将显色后的试纸用氨水熏蒸。

二、水杨酸的定性

1. 实验原理

水杨酸水溶液的 pH 2.4 的条件下，与三氯化铁水溶液生成紫色化合物。

2. 试剂

(1)1% 三氯化铁溶液。

(2)10% 的亚硝酸钠或亚硝酸钾溶液。

(3)50% 的乙酸。

(4)10% 的硫酸铜溶液。

3. 操作步骤

(1)样品的处理

①饮料类液体样品：如果样品中含有二氧化碳应先加热除去；如果样品中含有酒精，加入4%的氢氧化钠溶液使呈碱性，在沸水浴中加热除去。取10 mL经过前处理后的样品于分液漏斗中，加2 mL盐酸(1+1)，分别用30 mL、20 mL、20 mL乙醚提取3次，合并提取液，用5 mL盐酸酸化水洗涤1次，弃去水层。乙醚层通过无水硫酸钠脱水，挥发除去乙醚，加2 mL乙醇溶解残渣，密闭保存备用。

②酱油、果酱等：取20 g或20 mL样品于100 mL容量瓶中，加水40 mL，混匀，加20 mL 10%的硫酸铜溶液，再加4.4 mL 40 g/L的氢氧化钠溶液，加水定容，混匀，定容，静置30 min，过滤。取滤液50 mL于分液漏斗中，以下按步骤①操作。

(2)定性实验

①三氯化铁法：残渣加1～2滴1%三氯化铁溶液，如果有水杨酸存在，呈紫色。

②确证试验：将溶解残渣于少量热水中，冷后加4～5滴10%亚硝酸钠(或亚硝酸钾)溶液，4～5滴50%乙酸及1滴10%硫酸铜溶液，混匀，煮沸0.5 h，放置片刻，如果样品中有水杨酸存在，呈血红色，而苯甲酸不显色。

【思考题】

硼酸及硼酸盐、水杨酸为什么不能用于食品中？

(丁晓雯)

实验十七　食品中有机磷农药残留量的测定

I　气相色谱法

一、实验目的

掌握气相色谱法检测食品中有机磷农药残留的原理，了解测定步骤；了解农药残留检测中前处理的一般流程；了解气相色谱检测农药残留的计算方法。

二、实验原理

利用有机溶剂提取样品中残留的有机磷农药，再经液液分配和凝结净化等步骤去除干扰物，浓缩定容后使用气相色谱的氮磷检测器（NPD）或火焰光度检测器（FPD）检测，根据色谱峰的保留时间定性，外标法定量。

三、试剂与仪器

1. 试剂

所用试剂除另有规定外均系分析纯。

（1）乙腈；丙酮，需重蒸；氯化钠；无水硫酸钠，在 140 ℃烘 4 h 后放入干燥器备用。

（2）农药标准品　速灭磷、甲拌磷、二嗪磷、水胺硫磷、甲基对硫磷、稻丰散、杀螟硫磷、异稻瘟净、溴硫磷、杀扑磷，纯度为 95.0% ~ 99.0%。

（3）农药标准储备液的制备　准确称取一定量的农药标准样品（精确至 0.1 mg），以丙酮为溶剂，分别配制浓度为 0.5 mg/mL 的速灭磷、甲拌磷、二嗪磷、水胺硫磷、甲基对硫磷、稻丰散；浓度为 0.7 mg/mL 的杀螟硫磷、异稻瘟净、溴硫磷、杀扑磷储备液，在冰箱中保存。

（4）农药标准中间溶液的配制　准确量取一定量的上述 10 种储备液于 50 mL 容量瓶中，用丙酮定容至刻度，配制成浓度为 50 μg/mL 的速灭磷、甲拌磷、二嗪磷、水胺硫磷、甲基对硫磷、稻丰散；100 μg/mL 的杀螟硫磷、异稻瘟净、溴硫磷、杀扑磷标准中间溶液。

（5）农药标准工作溶液的配制　分别吸取上述标准中间溶液每种 10 mL 于 100 mL 容量瓶中，用丙酮定容至刻度，得混合标准工作溶液，冰箱中保存备用。

2. 仪器

旋转蒸发仪，振荡器，万能粉碎机，组织捣碎机，真空泵，水浴锅，高速匀浆机，气相色谱仪（带 NPD 检测器或 FPD 检测器；载气：高纯氮气，纯度 >99.99%；燃气：

氢气;助燃气:空气)。

四、操作步骤

1. 样品的准备

(1)粮食样品 取 500 g 具代表性的(小麦、稻米、玉米等)样品粉碎后过 40 目筛,混匀,装入样品瓶中备用。

(2)水果、蔬菜 取有代表性的新鲜水果、蔬菜的可食部位 1 000 g,切碎,装入塑料袋中备用。

准备好的粮食、水果、蔬菜样品在 −18℃ 冷冻箱中保存。

2. 提取

准确称取 25.0 g 试样于匀浆机中,加入 50.0 mL 乙腈高速匀浆 2 min 后用滤纸过滤,收集滤液 40 ~ 50 mL 于装有 5 ~ 7 g 氯化钠的 100 mL 具塞量筒中,盖上塞子,剧烈震荡 1 min,在室温下静置 30 min,使乙腈和水相分层(乙腈相在水相上方)。

3. 净化与浓缩

从具塞量筒中吸取 10.00 mL 乙腈溶液放入 100 mL 烧瓶(与旋转蒸发仪配套)中,将烧瓶连接在旋转蒸发仪上,于 45℃ 水浴上旋转蒸发至近干(剩余溶液 1 ~ 2 mL),用空气流缓缓吹干,加入 2.0 mL 丙酮溶解后完全转移至 15 mL 刻度离心管中,再用约 3 mL 丙酮分 3 次冲洗烧瓶并转移至离心管中,用丙酮定容至 5.0 mL。

将上述溶液在漩涡混合器上混匀,分别移入 2 个 2 mL 样品瓶中,供色谱测定。如定容后的样品溶液过于混浊,可以用 0.2 μm 滤膜过滤后再进行测定。

4. 气相色谱测定

(1)氮磷检测器测定参考条件

色谱柱:石英弹性毛细管柱 HP − 5,30 m × 0.32 μm(i. d)或相当者。

检测器:NPD。

检测器温度:300℃。

气体流速:氮气 3.5 mL/min;氢气 3 mL/min;空气 60 mL/min;尾气(氮气)10 mL/min。

色谱柱温度:柱温采用程序升温方式,130 ℃(保持 3 min)$\xrightarrow{5\ ℃/min\ 升温}$ 140 ℃(保持 65 min)。

(2)火焰光度检测器测定参考条件

色谱柱:石英弹性毛细管柱 DB − 17,30 m × 0.53 μm(i. d)或相当者。

检测器:FPD。

进样口温度:220 ℃。

检测器温度:300 ℃。

气体流速:氮气 9.8 mL/min;氢气 75 mL/min;空气 100 mL/min;尾气(氮气)10 mL/min。

色谱柱温度：柱温采用程序升温方式，150 ℃（保持 3 min）$\xrightarrow{8\ ℃/min\ 升温}$ 250 ℃（保持 10 min）。

（3）进样

进样方式：使用微量进样器不分流进样。

进样量：1～4 μL。

标准样品的进样体积与试样进样体积相同。

当一个标样连续进样 2 次，其峰面积的相对偏差不大于 7%，即认为仪器处于稳定状态。在实际测定时标准品与试样应交叉进样分析。

图 2-15、图 2-16 为参考色谱图。

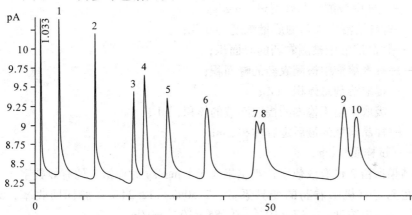

图 2-15　10 种有机磷农药的氮磷检测器色谱图

1-速灭磷；2-甲拌磷；3-二嗪磷；4-异稻瘟净；5-甲基对硫磷；6-杀螟硫磷；

7-水胺硫磷；8-溴硫磷；9-稻丰散；10-杀扑磷

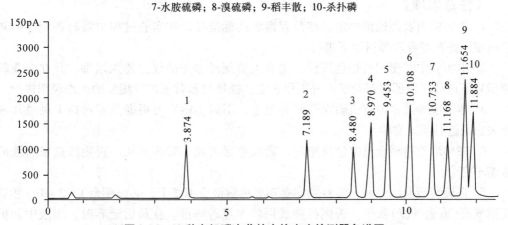

图 2-16　10 种有机磷农药的火焰光度检测器色谱图

1-速灭磷；2-甲拌磷；3-二嗪磷；4-异稻瘟净；5-甲基对硫磷；6-杀螟硫磷；

7-水胺硫磷；8-溴硫磷；9-稻丰散；10-杀扑磷

（4）定性分析　组分出峰次序：速灭磷、甲拌磷、二嗪磷、异稻瘟净、甲基对硫磷、杀螟硫磷、水胺硫磷、溴硫磷、稻丰散、杀扑磷。检验可能存在的干扰，可采用双柱定性进行确证。

（5）定量分析　吸取 1 μL 混合标准溶液注入气相色谱仪中，记录色谱峰的保留时间和峰面积；再吸取 1 μL 试样，注入气相色谱仪，记录色谱峰的保留时间和峰面积。根据色谱峰的保留时间和峰面积采用外标法定性和定量。

五、结果计算

按下式计算试样中被测农药残留量：

$$X = \frac{V_x \, A \times V_3}{V_2 \times A_S \times m} \times \rho$$

式中：X——试样中被测农药残留量，mg/kg；

ρ——标准溶液中农药的质量浓度，mg/L；

A——样品溶液中被测农药的峰面积；

A_S——标准溶液中被测农药的峰面积；

V_1——提取溶剂总体积，mL；

V_2——吸取出用于检测的提取溶液的体积，mL；

V_3——样品溶液的最后定容体积，mL；

m——试样质量，g。

计算结果保留 2 位有效数字；当结果大于 1 mg/kg 时保留 3 位有效数字。

该方法测定有机磷农药的变异系数：2.50% ~ 12.24%；加标回收率：86.4% ~ 96.9%；最小检出浓度：0.17×10^{-4} ~ 0.85×10^{-2} mg/kg。

【注意事项】

1. 本实验为农药残留测定，涉及有毒农药标准品，在实验过程中需具备相应的防护措施，并在专业教师指导下进行。

2. 本实验中需使用气相色谱仪，实验人员须经专业的仪器使用培训，并在专业教师指导下进行；保证仪器处于正常工作状态，操作仪器时须按照相关的操作说明进行。

3. 本实验涉及多种有机磷农药同时测定，不同实验室可根据条件选择 1 种或几种相关农药进行测定实验。

4. 在移取乙腈相至具塞量筒中时，需注意尽可能不带入水相，否则将造成后续的浓缩不完全。

5. 在旋转蒸发浓缩时，需特别注意不要将溶液全部蒸干，必须剩余 1 ~ 2 mL，然后用空气流（或氮气流）吹干，否则将造成回收率显著降低。在最后定容时，溶液中如仍有水分存在，可加入少量无水硫酸钠脱水。

6. 如果气相色谱仪具备自动进样器，尽使用自动进样器进样，减少人为进样的误差；在手动进样时，进样器须经必要的清洗和润洗方可进样；进样前要排净进样器中的气泡，并准确至进样体积。

7. 农药标准品溶液的进样体积要与试样溶液的进样体积一致。

【思考题】

1. 在农药、兽药残留的测定时，为了了解某种检测方法的可靠性，常常需要做空白试验，就本实验的操作步骤简单描述如何进行空白试验。

2. 在农药残留的测定时，对于方法的回收率一般要求 70% ~ 110%，试解释其原因。

（丛　建）

Ⅱ　快速检测法

一、实验目的

了解快速卡法测定有机磷农药残留的原理；熟悉检验结果评定。

二、实验原理

胆碱酯酶可催化靛酚乙酸酯（红色）水解为乙酸与靛酚（蓝色），有机磷或氨基甲酸酯类农药对胆碱酯酶有抑制作用，使催化、水解、变色的过程发生改变，由此可判断出样品中是否有高剂量有机磷或氨基甲酸酯类农药残留。

三、试剂

(1) 固化有胆碱酯酶和靛酚乙酸脂试纸卡片。

(2) pH 7.5 磷酸盐缓冲液　分别称取 15.0 g 磷酸氢二钠 $[Na_2HPO_4 \cdot 12H_2O]$ 与 1.59 g 无水磷酸二氢钾 $[KH_2PO_4]$，用 500 mL 蒸馏水溶解，混匀。

四、操作步骤

1. 整体测定法

(1) 选取具有代表性的蔬菜样品，擦去表面泥土，剪成 1 cm 左右方形碎片，取5 g 于带盖瓶中，加 10 mL pH 7.5 磷酸盐缓冲溶液，振摇 50 次，静置 2 min 以上。

(2) 取一片快速卡，用白色药片蘸取样品提取液，放置 10 min 以上进行预反应，有条件时在 37 ℃恒温装置中放置 10 min。预反应结束后的药片表面必须保持湿润。

(3) 将快速卡对折，用手捏 3 min 或 37 ℃恒温 3 min，使红色药片与白色药片叠合发生反应。

每批测定应设一个缓冲液的空白对照。

2. 表面测定法（粗筛法）

(1) 擦去蔬菜表面泥土，滴 2 ~ 3 滴缓冲液在蔬菜表面，用另一片蔬菜在滴液处轻轻摩擦。

(2) 取一片快速卡，将蔬菜上的液滴滴在白色药片上。

（3）放置 10 min 以上进行预反应，有条件时在 37 ℃ 恒温装置中放置 10 min。预反应后的药片表面必须保持湿润。

（4）将快速卡对折，用手捏 3 min 或 37 ℃ 恒温 3 min，使红色药片与白色药片叠合发生反应。

每批测定应设一个缓冲液的空白对照。

五、结果判断

与空白对照卡比较，白色药片不变色或略有浅蓝色均为阳性结果，即测定的蔬菜样品中有较高的有机磷或氨基甲酸酯类农药残留；白色药片变为天蓝色或与空白对照卡相同，为阴性结果，即测定的蔬菜样品中无或者只有较少的有机磷或氨基甲酸酯类农药残留。

结果以酶被有机磷或氨基甲酸酯类农药抑制（为阳性）、未抑制（阴性）表示。

对阳性结果的样品，可用其他方法进一步确定具体农药品种和含量。

【注意事项】

1. 用快速卡法测定，经气相色谱法验证，阳性结果的符合率在 80% 以上。

2. 葱、蒜、萝卜、韭菜、香菜、茭白、蘑菇和番茄汁液中含有对酶有影响的植物次生物质，容易产生假阳性。处理这类样品时，可采取整株（体）蔬菜浸提或采用表面测定法。

3. 对一些含叶绿素较高的蔬菜，也可采取整株（体）蔬菜浸提法，减少色素对测定的干扰。

4. 当温度条件低于 37 ℃，酶反应速度会变慢，药片加液后放置反应的时间也应相对延长。延长时间的确定应以空白对照卡用手指（体温）捏 3 min 时可以变蓝，即可往下操作。

5. 样品放置的时间应与空白对照卡放置的时间一致才有可比性。空白对照卡不变色的原因：一是药片表面缓冲溶液加得少，预反应后的药片表面不够湿润；二是温度太低。

6. 红色药片与白色药片叠合反应的时间以 3 min 为准，3 min 后蓝色会逐渐加深，24 h 后颜色会逐渐褪去。

【思考题】

可用何种检测方法对快速卡检验结果为阳性的样品进行进一步定性和定量？为什么要这样做？

（丁晓雯）

实验十八　食品中有害元素的测定

Ⅰ　食品中汞的测定——冷原子吸收法

一、实验目的

掌握冷原子吸收法测定总汞的原理。

二、实验原理

样品经过硝酸-硫酸或硝酸-硫酸-五氧化二钒或硝酸-过氧化氢消解，使样品中的汞转为离子状态，在强酸性条件下以氯化亚锡为还原剂，将离子态的汞定量地还原为汞原子，在常温下易蒸发为汞原子蒸气，以氮气或干燥清洁空气为载气，将汞吹出。而汞原子对波长 253.7 nm 的共振线具有强烈的吸收作用，在一定浓度范围其吸收值的大小与汞原子浓度符合朗伯-比尔定律，与标准系列比较定量。该方法适用于各类食品中总汞的测定。

三、试剂与仪器

1. 试剂

除特别注明外，所用试剂均为分析纯；水均为去离子水。

由于玻璃对汞有吸附作用，因此测汞所用玻璃器皿需用硝酸溶液(1:3)浸泡，洗净后备用。

(1)硝酸　优极纯。

(2)硫酸　优极纯。

(3)30% 过氧化氢。

(4)变色硅胶　干燥成蓝色后使用。

(5)五氧化二钒。

(6)300 g/L 氯化亚锡溶液　称取 30 g 氯化亚锡($SnCl_2 \cdot 2H_2O$)，加少量水，再加 2 mL 浓硫酸使溶解后，加水稀释至 100 mL，冰箱保存备用。

(7)混合酸液　硫酸 + 硝酸 + 水(1:1:8)，量取 10 mL 硫酸，再加入 10 mL 硝酸，慢慢倒入 80 mL 水中，混匀、冷却备用。

(8)50 g/L 高锰酸钾溶液　配好后煮沸 10 min，静置过夜，过滤，贮于棕色瓶中。

(9)200 g/L 盐酸羟胺溶液　称取 20 g 盐酸羟胺，加水溶解并定容至 50 mL，加 2 滴酚红指示液，加氨水(1:1)，调 pH 值至 8.5 ~ 9.0(由黄变红，再多加 2 滴)，用二硫腙-三氯甲烷溶液提取至三氯甲烷层绿色不变为止，再用三氯甲烷洗 2 次，弃去三氯甲烷层(下层)。于水层中加入盐酸(1:1)使呈酸性,加水至 100 mL。

(10)1 mg/mL 汞标准储备液　精密称取 0.135 4 g 于干燥器干燥过的二氯化汞,加混合酸(1:1:8)溶解后移入 100 mL 容量瓶中,并稀释至刻度,混匀。

注:为了避免在配制稀汞的标准溶液时玻璃对汞的吸附,最好先在容量瓶内加部分混合酸,再加入汞标准储备液。

为保证汞储备液稳定性,通常在溶液中加少量重铬酸钾。配制方法:取 0.5 g 重铬酸钾,用水溶解,加 50 mL 优级纯的硝酸,加水至 1 L。用此保存液来配制汞标准储备溶液(10 μg/mL)可保存 2 年;若配制汞标准应用液(0.1 μg/mL)于冰箱中保存 10 d。

(11)汞标准使用液　吸取 1.0 mL 汞标准储备液于 100 mL 容量瓶中,加混合酸(1:1:8)稀释至刻度,此溶液每毫升相当于 10 μg 汞。再吸取此液 1.0 mL,置于 100 mL 容量瓶中,加混合酸(1:1:8)稀释至刻度,此溶液每毫升相当于 0.1 μg 汞,临用时现配。

2. 仪器

压力消解器(或压力消解罐或压力溶弹),100 mL 容量瓶,微波消解装置,测汞仪,汞蒸气发生器或 25 mL 布氏吸收管代替。

四、操作步骤

实验前先做试剂空白试验,检查所用试剂、实验用水及器皿是否符合要求。如测得空白值过高,实验用水、试剂须提高纯度,器皿再次用硝酸浸泡后清洗,必要时用稀硝酸煮沸热洗。

1. 样品消化

如果没有微波消解装置,也可以采用回流消化。

(1)回流消化法

①粮食或水分少的食品:称取 10.00 g 样品于锥形瓶中,加玻璃珠数粒,加 45 mL 硝酸、10 mL 硫酸,转动锥形瓶,防止局部炭化。装上冷凝管后,小火加热,待开始发泡即停止加热,发泡停止后,加热回流 2 h。如加热过程中溶液变棕色,再加 5 mL 硝酸,继续回流 2 h,放冷后从冷凝管上端小心加 20 mL 水,继续加热回流 10 min,放冷,用适量水冲洗冷凝管,洗液并入消化液中。将消化液经玻璃棉过滤于 100 mL 容量瓶内,用少量水洗三角瓶、滤器,洗液并入容量瓶内,加水至刻度,混匀。

取与消化样品相同量的硝酸、硫酸,按同一方法做试剂空白,待测。

②植物油及动物油脂:称取 5.0 g 样品于锥形瓶中,加玻璃珠数粒,加入 7 mL 硫酸,小心混匀至溶液颜色变为棕色,然后加 40 mL 硝酸,装上冷凝管,以下按①自"小火加热"起依法操作。含油脂较多的食品消化时易发泡外溅,可在消化前在样品中先加少量硫酸,变成棕色(轻微炭化),然后加硝酸可减轻发泡外溅现象,但避免严重炭化。

③薯类、豆制品:称取 20.00 g 捣碎混匀的样品(薯类须预先洗净晾干)于三角瓶中,加玻璃珠数粒及 30 mL 硝酸、5 mL 硫酸,转动三角瓶,防止局部炭化。装上冷凝管后,以下按①自"小火加热"起依法操作。

④肉、蛋类：称取 10.00 g 捣碎混匀的样品于三角瓶中，加玻璃珠数粒及 30 mL 硝酸、5 mL 硫酸，转动三角瓶，防止局部炭化。装上冷凝管后，以下按①自"小火加热"起依法操作。

⑤牛乳及乳制品：称取 20.00 g 牛乳或酸牛乳，或相当于 20.00 g 牛乳的乳制品（2.4 g 全脂乳粉、8 g 甜炼乳、5 g 淡炼乳）于三角瓶中，加玻璃珠数粒及 30 mL 硝酸，牛乳或酸牛乳加 10 mL 硫酸，乳制品加 5 mL 硫酸，转动三角瓶，防止局部炭化。装上冷凝管后，以下按①自"小火加热"起依法操作。

在消化过程中，由于残余在消化液中的氮氧化物对测定有严重干扰，使结果偏高。尤其是采用硝酸-硫酸回流法，硝酸用量大，消化后需加水继续加热回流 10 min 使剩余二氧化氮排出，消解液趁热进行吹气驱赶液面上的氮氧化物，冷却后滤去样品中蜡质等不易消化物质，避免干扰。

（2）五氧化二钒消化法　本法适用于水产品、蔬菜、水果中总汞的测定。

取样品的可食部分，洗净，晾干，切碎，混匀。

取 2.50 g 水产品或 10.00 g 蔬菜、水果于三角瓶中，加 50 mg 五氧化二钒粉末，再加 8 mL 硝酸，振摇，放置 4 h，加 5 mL 硫酸，混匀，然后移至 140 ℃砂浴或电热板上加热，开始作用较猛烈，以后渐渐缓慢，待瓶口基本无棕色气体逸出时，用少量水清洗瓶口，再加热 5 min，放冷，加 5 mL 的 50 g/L 高锰酸钾溶液，放置 4 h（或过夜），滴加 200 g/L 盐酸羟胺溶液使紫色褪去，振摇，放置数分钟，移入容量瓶中并定容至刻度。蔬菜、水果定容至 25 mL，水产品定容至 100 mL，待测。

取与消化样品相同量的五氧化二钒、硝酸、硫酸，按同一方法做试剂空白试验。

（3）高压消解法

① 粮食及豆类等干样：称取 1.00 g 经粉碎混合均匀后过 40 目筛孔的样品于聚四氟乙烯塑料罐内，加 5 mL 硝酸放置过夜，再加 3 mL 过氧化氢，盖上内盖放入不锈钢外套中，将不锈钢外盖与外套旋紧密封，然后将消解器放入普通干燥箱（烘箱）中，升温至 120 ℃后保持 2～3 h 至消解完成。冷至室温后，开启消解罐，将消解液用玻璃棉过滤至 25 mL 容量瓶中，用少量水淋洗内罐，经玻璃棉滤入容量瓶内，定容至 25 mL，摇匀。同时做试剂空白试验。待测。

② 蔬菜、瘦肉、鱼类及蛋类水分含量高的鲜样：将鲜样用捣碎机打成匀浆，称取匀浆 3.00 g 于聚四氟乙烯塑料罐内，加盖留缝，于 65 ℃烘箱中干燥至近干，取出，加 5 mL 硝酸放置过夜，再加 3 mL 过氧化氢，以后的操作与"（3）高压消解法①"相同。

2. 测定

按仪器要求调好，备用。

测汞仪中的光道管、气路管道均要保持干燥、光亮、平滑、无水气凝集，否则应分段拆下，用无汞水煮，再烘干备用。

从汞蒸气发生瓶至测汞仪的连接管道不宜过长，宜用不吸附汞的氯乙烯塑料管。

测定时应注意水气的干扰，从汞蒸气发生器产生的汞原子蒸气，通常带有水气，进仪器前如不经干燥，会被带进光道管，产生汞吸附，降低检测灵敏度。因此，通常汞原子蒸气必须先经干燥管吸水后再进入仪器检测。常用的干燥剂以变色硅胶为好,当干燥管硅胶吸水变色后,需更换干燥剂,以保证仪器光道管的干燥。

(1)吸取10.0 mL样品消化液于汞蒸气发生器内,连接抽气装置,沿壁迅速加入1 mL 300 g/L氯化亚锡溶液,立即通入流速为1.5 L/min的氮气或经活性炭处理的空气,使汞蒸气经过硅胶干燥管进入测汞仪中,读取测汞仪上最大读数。同时测定试剂空白在测汞仪上最大读数。

(2)标准曲线的绘制 分别吸取0.1 μg/mL的汞标准使用液0.00 mL、0.10 mL、0.20 mL、0.30 mL、0.40 mL、0.50 mL于试管中,各加混合酸(1:1:8)至10 mL,以下按上述(1)自"于汞蒸气发生器内"起依法操作,绘制标准曲线。

(3)五氧化二钒消化法标准曲线的绘制 分别吸取0.1 μg/mL的汞标准使用液0.0 mL、1.0 mL、2.0 mL、3.0 mL、4.0 mL、5.0 mL于6个50 mL容量瓶中,各加1 mL硫酸(1+1)、1 mL 50 g/L高锰酸钾溶液,加20 mL水,混匀,滴加盐酸羟胺溶液使紫色褪去,加水至刻度混匀。从中分别吸取10.00 mL(相当0 μg、0.02 μg、0.04 μg、0.06 μg、0.08 μg、0.10 μg汞),以下按上述(1)自"于汞蒸气发生器内"起依法操作,绘制标准曲线。

五、结果计算

按下式计算样品中汞含量:

$$X = \frac{(A_1 - A_2) \times 1\,000}{M \times \dfrac{V_2}{V_1} \times 1\,000}$$

式中:X——样品中汞的含量,mg/kg或mg/L;

A_1——测定用样品消化液中汞的质量,μg;

A_2——试剂空白液中汞的质量,μg;

M——样品的质量或体积,g或mL;

V_1——样品消化液总体积,mL;

V_2——测定用样品消化液体积,mL。

【注意事项】

1. 用五氧化二钒消解可直接在三角瓶中进行,不需要回流,适宜大批样品的消解。如在三角瓶口加一个长颈漏斗效果更好(起一定的回流作用)。但注意不能加热时间过长,更不能烧干。

2. 高压消解法消化样品具有快速、简便、防污染的特点。但使用高压消解器时必须按使用说明操作,应注意控温、消解器内罐容量和取样量等。为了防止在消解反应中产生过高的压力,应先将样品冷消化放置过夜。

3. 用原子荧光法也可以测汞的含量。该方法需要的主要试剂有硝酸(优级纯)、盐酸(优级纯)、过氧化氢(分析纯)、1 mg/mL汞标准溶液、5%硫脲和5%抗坏血酸混合溶液、2% 硼氢化钾溶液（将 10 g 硼氢化钾溶解于 500 mL 0.5% 的氢氧化钠溶液中）。所用器皿均用 10% 硝酸浸泡过夜后洗涤干净。

试样的预处理方法与冷原子吸收法相同。样品处理好后可以上原子荧光仪进行测定。汞标准系列的配制方法是吸取 1 mL 1 mg/mL 汞标准溶液于 100 mL 容量瓶中，加入 0.05 g 重铬酸钾，用 5% 硝酸定容至刻度（此溶液的浓度为 10 μg/mL，冰箱中保存）。再吸取该溶液 1.0 mL 于 100 mL 容量瓶中，用 5% 硝酸定容至刻度，此溶液为汞标准使用液，浓度为 0.1 μg/mL。吸取汞标准使用液 0.00 mL、1.00 mL、2.00 mL、3.00 mL、4.00 mL、5.00 mL 于 25 mL 比色管中，用 5% 盐酸定容至刻度后上上原子荧光仪进行测定。

方法选用测汞负高压倍增管。负高压 240 V；汞空心阴极灯电流为 30 mA；温度 300℃；高度为 8.0 mm；载气 500 mL/min；屏蔽气：1 000 mL/min。测量方式：标准曲线法；读数方式：峰面积；读数延迟时间：1 s；读数时间：10 s；硼氢化钾加液时间：8 s；标准溶液或者样品溶液加液体积：2 mL。

按下式计算样品中汞含量：

$$X = \frac{(C - C_0) \times V \times 1\,000}{M \times 1\,000 \times 1\,000}$$

式中：X——样品中汞的含量，mg/kg 或 mg/L；

C——测定用样品消化液中汞的质量，ng/mL；

C_0——试剂空白液中汞的质量，ng/mL；

M——样品的质量或体积，g 或 mL；

V——样品消化液总体积，mL。

【思考题】

食品中的几种重金属的测定方法有什么相同和不同的地方？

Ⅱ 食品中镉的测定——原子吸收分光光度法

一、实验目的

掌握原子吸收分光光度法的原理及测定镉的技术；掌握测定重金属含量时样品的前处理方法。

二、实验原理

样品经处理后，导入原子吸收分光光度计中，吸收元素空心阴极灯发射出的镉特征谱线 288.8 nm，其吸收值的大小与镉的含量成正比。

三、试剂与仪器

1. 试剂

除特别注明外，所有试剂均为分析纯。

(1)硝酸　优级纯。

(2)30% 过氧化氢。

(3)柠檬酸。

(4)氢氧化钠饱和溶液　称取 100 g 氢氧化钠，加入到 100 mL 水中，边加边搅拌直到氢氧化钠溶解，将其注入塑料桶中密闭放置至溶液清亮，吸上层清液使用。

(5)0.05 mol/L 氢氧化钠　取 5 mL 氢氧化钠饱和溶液注入不含二氧化碳的水，定容至 1 000 mL，摇匀，再用不含二氧化碳的水稀释 1 倍。

(6)麝香草酚蓝试剂　称取 0.1 g 麝香草酚蓝于玛瑙研钵中，加 0.05 mol/L 氢氧化钠溶液 4.3 mL，研磨后用水稀释至 200 mL。

(7)双硫腙浓溶液(1 mg/mL)　溶解 200 mg 双硫腙于 200 mL 氯仿中。

(8)双硫腙稀溶液(0.2 mg/mL)　临用时取上述双硫腙浓溶液与氯仿按 1:4 的比例稀释。

(9)1 mg/mL 镉标准储备液　溶解 1.000 0 g 金属镉(含量≥99.99%)于 165 mL 盐酸中，用水定容至 1 000 mL。

(10)10 μg/mL 镉标准工作液　吸取 10.0 mL 镉标准储备液于 100 mL 容量瓶中，用水稀释至刻度，摇匀。吸取 10.0 mL 稀释后的标准液于另一 100 mL 容量瓶中，用水稀释至刻度，即得 10 μg/mL 镉的标准工作液。

(11)混合酸　硝酸 + 高氯酸(4:1)，取 4 份硝酸与 1 份高氯酸混合，或再加 1~2 mL 硝酸。

(12)0.2 mol/L 盐酸　量取 18 mL 盐酸注入 1 000 mL 水中，混匀。

2. 仪器

消化装置，原子吸收分光光度计。

四、操作步骤

1. 样品的处理

湿式消解法：称取样品 1.00~5.00 g 于三角瓶中，放数粒玻璃珠，加 10 mL 混合酸，加盖浸泡过夜，第二天于三角瓶上加一小漏斗，于电热板上消解。若样液变棕黑色，再加混合酸，直至冒白烟，消化液呈无色透明或略带黄色为止。将样品消化液放冷后用滴管将其洗入或过滤入(视消化后样品的盐分而定)25 mL 容量瓶中，用水少量多次洗涤三角瓶，洗液合并于容量瓶中并定容至刻度，混匀备用。同时做试剂空白。

2. 样品中镉的萃取分离

在冷却的消化液中加入 2 g 柠檬酸，用水稀释至约 25 mL，加 1 mL 麝香草酚蓝后于冰浴上慢慢加氨水将 pH 值调至 8.8 左右(溶液颜色由黄绿色变成蓝绿色)。用水将溶液转入 250 mL 分液漏斗中,用水洗涤烧杯,洗液并入分液漏斗中,加水稀释至约 150 mL。先每次用 5 mL 双硫腙浓溶液提取 2 次,再每次用双硫腙稀溶液 5 mL 提取,重复操作至双硫腙不变色为止。将提取液集中至一个 125 mL 分液漏斗中,用 50 mL 水洗涤,将双硫腙层移入另一分液漏斗中,再用 5 mL 氯仿洗涤水层,氯仿层并入双硫腙提取液中。

在双硫腙提取液中加 0.2 mol/L 盐酸 50 mL,激烈振摇 1 min,静置分层后弃去双硫腙层(下层),再用 5 mL 氯仿洗涤水相,弃去氯仿层(下层)。将水相转入 400 mL 烧杯中,加沸石小心蒸发至干。再用 10~20 mL 水小心洗下烧杯壁上的固形物,并再次蒸发至干。

将固形物用 2 mol/L 的盐酸 5.0 mL 溶解,即得样品的镉溶液。

3. 样品测定

(1)原子吸收分光光度计测镉的参考工作条件　吸收线波长 222.8 nm,灯电流 6~7 mA,狭缝宽度 0.15~0.20 nm,空气流量 5 L/min,乙炔流量 0.4 L/min,灯头高度 1 mm。

(2)标准曲线的绘制　准确吸取 0.0 mL、1.0 mL、2.0 mL、5.0 mL、10.0 mL、20.0 mL 镉标准工作液,分别置于 100 mL 容量瓶中,用 2 mol/L 盐酸定容(所得标准系列相当于每毫升含镉分别为 0.0 μg、0.1 μg、0.5 μg、1.0 μg、2.0 μg 及 4.0 μg)。以 2 mol/L 的盐酸做空白,把上述溶液分别喷入原子吸收分光光度计的火焰中,进行原子吸收测定。以扣除空白后的吸光度为纵坐标,对应的镉标准溶液的浓度为横坐标绘制标准曲线并得到回归方程。

(3)样品测定　以 2 mol/L 的盐酸为空白,将处理后的样品溶液、试剂空白液分别导入原子吸收分光光度计的火焰中测定吸光度,由标准曲线查得样品溶液的镉含量。

五、结果计算

按下式计算样品中镉含量:

$$X = \frac{(A_1 - A_0) \times 1\,000}{m \times \frac{V_2}{V_1} \times 1\,000}$$

式中:X——样品中镉的含量,mg/kg;

A_1——测定用样液中的镉含量,μg;

A_2——试剂空白液中的镉含量,μg;

V_2——样品处理液的总体积,mL;

m——样品质量,g。

【注意事项】

1. 经过萃取样品消化液中的镉,大多数金属离子不干扰测定。

2. 原子吸收分光光度计型号不同，所用标准系列的浓度及测定工作条件应进行相应调整。

【思考题】

用原子吸收法测定重金属含量有什么优点？

Ⅲ 食品中铅的测定

一、石墨炉原子吸收光谱法

1. 实验目的

掌握原子吸收法测定食品中铅的原理。

2. 实验原理

试样经灰化或酸消解后，注入原子吸收分光光度计石墨炉中，电热原子化后吸收283.3 nm 共振线，在一定浓度范围，其吸收值与铅含量成正比，与标准系列比较定量。

3. 试剂与仪器

（1）试剂

①1:1 的硝酸：取 50 mL 硝酸慢慢加入 50 mL 水中，混匀。

②0.5 mol/L 硝酸：取 3.2 mL 硝酸加入 50 mL 水中，稀释至 100 mL。

③1 mol/L 硝酸：取 6.4 mL 硝酸加入 50 mL 水中，稀释至 100 mL。

④20 g/L 磷酸铵溶液：称取 2.0 g 磷酸铵以水溶解稀释至 100 mL。

⑤混合酸：硝酸 + 高氯酸(4:1)：取 4 份硝酸与 1 份高氯酸混合。

⑥铅标准储备液(1.0 mg/mL)：称取 1.000 g 金属铅(99.99%)，分次加少量硝酸(1:1)，加热使铅溶解。控制总量不超过 37 mL。将铅溶液移入 1 000 mL 容量瓶中，加水至刻度，混匀。

⑦铅标准溶液(10 μg/mL)：吸取铅标准储备液 1.0 mL 于 100 mL 容量瓶中，加 0.5 mol/L 的硝酸至刻度。

⑧铅标准溶液(1 μg/mL)：吸取 10 μg/mL 的铅标准溶液 10.0 mL 于 100 mL 容量瓶中，加 0.5 mol/L 硝酸至刻度，混匀。

⑨铅标准使用液：分别移取 1 μg/mL 的铅标准溶液 1.0 mL、2.0 mL、4.0 mL、6.0 mL、8.0 mL 于 5 个 100 mL 容量瓶中，加 0.5 mol/L 的硝酸至刻度，稀释成每毫升分别含 10.0 ng、20.0 ng、40.0 ng、60.0 ng、80.0 ng 铅的标准使用液。

（2）仪器 所用玻璃仪器均需以硝酸(1:5)浸泡过夜，用水反复冲洗，最后用去离子水冲洗干净备用。

原子吸收分光光度计(附石墨炉及铅空心阴极灯)，马弗炉，干燥箱，坩埚，压力消解器、压力消解罐或压力溶弹，可调式电热板或可调式电炉。

4. 操作步骤

(1)样品的预处理　粮食、豆类去杂物后，磨碎，过20目筛，贮于塑料瓶中备用；蔬菜、水果、鱼类、肉类及蛋类等水分含量高的鲜样，打成匀浆，贮于塑料瓶中冰箱保存备用。

(2)试样消解　可根据实验室条件选用以下任何一种方法消解样品。

① 压力消解罐消解法：称取 1.00~2.00 g 试样(干样、含脂肪高的试样 <1.00 g，鲜样 <2.0 g 或按压力消解罐使用说明书称取试样)于聚四氟乙烯罐内，加硝酸 2~4 mL 浸泡过夜，再加30% 过氧化氢 2~3 mL(总量不能超过罐容积的 1/3)。盖好内盖，旋紧不锈钢外套，放入恒温干燥箱于 120~140℃保持 3~4 h。然后在箱内自然冷却至室温，用滴管将消化液洗入或滤入(视消化后试样的盐分而定)10~25 mL 容量瓶中，用少量水多次洗涤消解罐，洗液合并于容量瓶中并定容至刻度，混匀备用。同时做试剂空白。

② 过硫酸铵灰化法：称取 1.00~5.00 g(根据铅含量而定)试样于瓷坩埚中，先小火在可调式电热板上炭化至无烟，移入马弗炉中于 500℃炭化 6~8 h 后，冷却。若个别试样灰化不彻底，则加 1 mL 混合酸在可调式电炉上小火加热，反复多次直到灰化完全，放冷，用 0.5 mol/L 的硝酸将灰分溶解，用滴管将试样消化液洗入或滤入(视消化后试样的盐分而定)10~25 mL 容量瓶中，用少量水多次洗涤瓷坩埚，洗液合并于容量瓶中并定容至刻度，混匀备用。同时做试剂空白。

③ 湿式消解法：称取试样 1.00~5.00 g 于锥形瓶中，放数粒玻璃珠，加 10 mL 混合酸，加盖浸泡过夜。第二天于三角瓶口加一小漏斗，电热板上加热消解。若样品变棕黑，再加混合酸，直至冒白烟，消化液呈无色透明或略带黄色透明为止。放冷，用滴管将试样消化液洗入或滤入(视消化后试样的盐分而定)10~25 mL 容量瓶中，用水少量多次洗涤三角瓶，洗液合并于容量瓶中并定容至刻度，混匀备用。同时做试剂空白。

(3)测定

①仪器条件：根据各自仪器性能调至最佳状态。参考条件：波长 283.3 nm(空心阴极灯提供)，狭缝 0.2~1.0 nm，灯电流 5~7 mA，干燥温度 120℃、20 s，灰化温度 450℃、持续 15~20 s，原子化温度 1 700~2 300℃、持续 4~5 s，背景校正为氘灯或赛曼效应。

②标准曲线绘制：分别吸取配好的浓度为 10.0 ng/mL、20.0 ng/mL、40.0 ng/mL、60.0 ng/mL、80.0 ng/mL 的铅标准使用液各 10 μL，注入石墨炉中，测得其吸光值。以吸光值做纵坐标，铅标准使用液的浓度为横坐标，做标准曲线和回归方程。

③试样测定：分别吸取样品消化液和试剂空白消化液各 10 μL，注入石墨炉中，测得其吸光值，代入标准曲线回归方程中求得样液中铅含量。

5. 结果计算

按下式计算试样中铅含量：

$$X = \frac{(C_1 - C_0) \times V \times 1\,000}{m \times 1\,000}$$

式中：X——试样中铅含量，$\mu g/kg$ 或 $\mu g/L$；

C_1——测定样液中铅含量，ng/mL；

C_0——空白液中铅含量，ng/mL；

V——试样消化液定量总体积，mL；

m——试样质量或体积，g 或 mL。

计算结果保留 2 位有效数字。

说明：对有干扰试样的则注入适量的基体改进剂磷酸二氢铵溶液（20 g/L）5 μL 或与试样同量，清除干扰。在铅标准溶液中也要加入与试样测定时等量的基体改进剂磷酸二氢铵溶液。

二、氢化物原子荧光光谱法

1. 实验目的

掌握氢化物原子荧光光谱法测定食品中铅的原理。

2. 实验原理

试样经酸消化后，在酸性介质中，试样中的铅与硼氢化钠（$NaBH_4$）或硼氢化钾（KBH_4）反应生成挥发性的铅氢化物（PbH_4），以氩气为载气，将氢化物导入电热石英原子化器中原子化，在铅空心阴极灯照射下，基态铅原子被激发至高能态。高能态铅原子在去活化回到基态时，发射出特征波长的荧光，其荧光强度与铅含量成正比，根据标准曲线进行定量。

3. 试剂与仪器

（1）试剂

①混合酸：硝酸＋高氯酸（4∶1），分别量取硝酸 400 mL，高氯酸 100 mL，混匀。

②盐酸溶液（1∶1）：量取 250 mL 盐酸倒入 250 mL 水中，混匀。

③10 g/L 草酸溶液：称取 1.0 g 草酸，加水溶解并定容至 100 mL，混匀。

④100 g/L 铁氰化钾[$K_3Fe(CN)_6$]溶液：称取 10.0 g 铁氰化钾，加水溶解并稀释至 100 mL，混匀。

⑤2 g/L 氢氧化钠溶液：称取 2.0 g 氢氧化钠溶于 1 L 水中，混匀。

⑥10 g/L 硼氢化钠（$NaBH_4$）溶液：称取 5.0 g 硼氢化钠溶于浓度为 2 g/L 的 500 mL 氢氧化钠溶液中，混匀。用前现配。

⑦1.0 mg/mL 铅标准储备液：参照石墨炉原子吸收光谱法的方法配制。

⑧1.0 $\mu g/mL$ 铅标准使用液：精确吸取铅标准储备液，逐级稀释 1 000 倍至 1.0 $\mu g/mL$。

（2）仪器

原子荧光光度计，电热板。

4. 操作步骤

（1）试样消化 湿消解：称取固体试样 0.20～2.00 g，液体试样 2.00～10.00 g（或 mL）于三角瓶中，放数粒玻璃珠，加 5～10 mL 混合酸，摇匀，浸泡过夜。次日置于电热板上加热消解至消化液呈淡黄色或无色透明（如消解过程色泽较深，稍冷，补加少量硝酸，继续消解）。将消化液放冷，加入 20 mL 水再继续加热赶酸至消解液 0.5~1.0 mL。冷却后，用少量水将消解液转入 25 mL 容量瓶中，并加入盐酸(1:1)0.5 mL，10 g/L 草酸溶液 0.5 mL，摇匀，再加入 100 g/L 铁氰化钾溶液 1.0 mL，用水定容至 25 mL，摇匀，放置 30 min 后测定。同时做试剂空白。

(2)铅标准系列的制备　取 25 mL 容量瓶 7 个，依次加入铅标准使用液 0.00 mL、0.125 mL、0.25 mL、0.50 mL、0.75 mL、1.00 mL、1.25 mL，用少量的水稀释后加入盐酸(1:1)0.5 mL，10 g/L 草酸 0.5 mL 摇匀，再加入 100 g/L 铁氰化钾溶液 1.0 mL，用水稀释至刻度，摇匀。这些溶液分别相当于铅浓度 0.0 ng/mL、5.0 ng/mL、10.0 ng/mL、20.0 ng/mL、30.0 ng/mL、40.0 ng/mL、50.0 ng/mL，放置 30 min 后测定。

(3)测定

① 仪器参考条件：负高压：323 V；铅空心阴极灯电流：75 mA；原子化器：炉温 750~800 ℃，炉高 8 mm；氩气流速：载气 800 mL/min；屏蔽器 1 000 mL/min；加还原剂时间：7.0 s；读数时间：15 s；延迟时间：0.0 s；测量方式：标准曲线法；读数方式：峰面积；进样体积：2.0 mL。

② 浓度测量方式：设定好仪器的最佳条件，逐步将炉温升至所需温度，稳定 10~20 min 后开始测量，连续用标准系列的零管进样，待读数稳定之后，转入标准系列测量，绘制标准曲线和回归方程；分别测定试样空白和试样消化液，通过回归方程计算测定液中铅含量。

测定不同的试样前都应清洗进样器。

5. 结果计算

按下式计算试样中铅含量：

$$X = \frac{(C - C_0) \times V \times 1\ 000}{m \times 1\ 000 \times 1\ 000}$$

式中：X——试样中铅含量，mg/kg 或 mg/L；

　　　C——试样消化液测定浓度，ng/mL；

　　　C_0——试剂空白液测定浓度，ng/mL；

　　　V——试样消化液总体积，mL；

　　　m——试样质量或体积，g 或 mL。

计算结果保留 3 位有效数字。

【思考题】

测定食品中铅的含量时，如何消除样品的背景干扰？

Ⅳ 食品中总砷的测定——氢化物原子荧光光度法

一、实验目的

掌握用氢化物原子荧光光度法测定食品中砷含量的原理。

二、实验原理

试样经消解后,加入硫脲使五价砷还原为三价砷,再加入硼氢化钠或硼氢化钾使三价砷还原成砷化氢,由氢气载入石英原子化器中分解为原子态砷,在特制砷空心阴极灯的发射光激发下产生原子荧光,其荧光强度在固定条件下与被测液中的砷浓度成正比,与标准系列比较定量。

三、试剂与仪器

1. 试剂

(1)2 g/L 氢氧化钠溶液。

(2)10 g/L 硼氢化钠(NaBH₄)溶液 称取硼氢化钠 10.0 g,溶于 2 g/L 氢氧化钠溶液 1 000 mL 中,混匀。此液于冰箱可保存 10 d,取出后应当日使用(也可称取 14 g 硼氢化钾代替 10 g 硼氢化钠)。

(3)50 g/L 硫脲溶液。

(4)硫酸溶液(1:9) 量取硫酸 100 mL,小心倒入 900 mL 水中,混匀。

(5)100 g/L 氢氧化钠溶液。

(6)0.1 mg/mL 砷标准储备液 称取于 100℃ 干燥 2 h 以上的三氧化二砷(As₂O₃)0.132 0 g,加 100 g/L 氢氧化钠 10 mL 溶解,用水转入 1 000 mL 容量瓶中,加 1:9 的硫酸 25 mL,用水定容至刻度,混匀。

(7)砷标准使用液(1.0 μg/mL) 吸取 1.0 mL 砷标准储备液于 100 mL 容量瓶中,用水稀释至刻度,混匀。此液应当日配制使用。

(8)盐酸(1:1) 取盐酸 100 mL,加入 100 mL 水中,混匀。

(9)150 g/L 硝酸镁溶液 称取硝酸镁 150 g,加入 1 000 mL 水,使其溶解,混匀即成。

(10)硫酸(1:9) 取 90 mL 水于烧杯中,取 10 mL 98% 的浓硫酸沿着玻璃棒从烧杯内壁缓缓注入到烧杯中,混匀即成。

(11)氧化镁。

2. 仪器

原子荧光光度计。

四、操作步骤

1. 试样消解

(1)湿法消解 称取固体试样 1~2.5 g，液体试样 5~10 g（或 mL）于三角瓶中，同时做 2 份试剂空白。加硝酸 20~40 mL，硫酸 1.25 mL，摇匀后放置过夜，第二天于电热板上加热消解。若消解液处理至 10 mL 左右时仍有未分解物质或色泽变深，取下放冷，补加硝酸 5~10 mL，再消解至 10 mL 左右观察，如此反复 2~3 次，注意避免炭化。如仍不能消解完全，则加入高氯酸 1~2 mL，继续加热至消解完全后，再持续蒸发至高氯酸的白烟散尽，硫酸的白烟开始冒出。冷却，加水 25 mL，蒸发至冒硫酸白烟。冷却，用水将内容物转入 25 mL 容量瓶中，加入 50 g/L 硫脲 2.5 mL，加水至刻度并混匀。

(2)干灰化法 一般应用于固体试样。称取 1.5~2.5 g 样品于坩埚，同时做 2 份试剂空白。加 150 g/L 硝酸镁 10 mL 混匀，低热蒸干，将氧化镁 1 g 仔细覆盖在样品渣上，于电炉上炭化至无黑烟，于 550℃ 高温炉灰化 4 h。取出放冷，小心加入 10 mL 盐酸（1:1）以中和氧化镁并溶解灰分，转入 25 mL 容量瓶中，加入 50 g/L 硫脲 2.5 mL，另用硫酸（1:9）分次洗涤坩埚，洗液合并入容量瓶中直至 25 mL 刻度，混匀。

2. 标准系列的制备

取 25 mL 容量瓶或比色管 6 支，依次加入 1 μg/mL 砷标准使用液 0.0 mL、0.05 mL、0.2 mL、0.5 mL、2.0 mL、5.0 mL，各加 12.5 mL 硫酸（1:9），50 g/L 硫脲 2.5 mL，加水定容，混匀备测。各溶液相当于砷浓度 0 ng/mL、2.0 ng/mL、8.0 ng/mL、20.0 ng/mL、80.0 ng/mL、200.0 ng/mL。

3. 测定

仪器参考条件：光电倍增管电压：400 V；砷空心阴极灯电流：35 mA；原子化器，温度 820~850 ℃，高度 7 mm；氩气流速：载气 600 mL/min；测量方式：荧光强度或浓度直读；读数方式：峰面积；读数延迟时间：1 s；读数时间：15 s；硼氢化钠溶液加入时间：5 s；标液或样液加入体积：2 mL。

五、结果计算

根据回归方程求出试剂空白液和试样消化液的砷浓度，再按下式计算试样的砷含量：

$$X = \frac{(C_1 - C_2) \times 25}{m \times 1\,000}$$

式中：X——试样的砷含量，mg/kg 或 mg/L；

C_1——试样被测液的浓度，ng/mL；

C_2——试剂空白液的浓度，ng/mL；

m——试样的质量或体积，g 或 mL。

计算结果保留 2 位有效数字。

【思考题】

1. 食品中总砷的测定主要有哪些方法？
2. 原子荧光光度法的基本原理是什么？

（张英华）

实验十九　食用植物油酸败指标的比较测定

食用植物油主要有菜籽油、大豆油、花生油、精炼棉籽油等。由于保管不善，植物油脂在贮藏过程中常会出现酸败变苦现象。油脂酸败变苦一般分为 3 个阶段：首先是游离脂肪酸增加，酸度增高；其次是油脂中沉淀物增多，透明度变小，颜色变深，混浊度增大；最后产生醛、酮类产物和苦的滋味以及不良气味，俗称哈喇味，食用品质大为降低甚至不能食用。一般从检验油脂的酸价、过氧化值、丙二醛、羰基价等化学指标和透明度、色泽、气味等物理指标鉴别油脂是否酸败。

实验目的

掌握油脂酸败的原因和发生的变化；掌握过氧化值、丙二醛等指标的测定原理和测定方法。

Ⅰ　酸价的测定

一、实验原理

酸价是指中和 1 g 植物油中的游离脂肪酸所需氢氧化钾的毫克数，是反映油脂酸败的主要指标。利用中性乙醚、乙醇混合液溶解油样，然后用标准碱液对其中的游离脂肪酸进行滴定，根据消耗标准碱液的量计算出油脂酸价。酸价越小，说明油脂质量越好，新鲜度和精炼程度越好。

二、试剂与仪器

1. 试剂

(1)酚酞指示剂(10 g/L 乙醇溶液)　称取 1 g 酚酞于烧杯中，加 100 mL 乙醇溶液即可。

(2)0.05 mol/L 氢氧化钾标准溶液　称 2.8 g 的氢氧化钾用 1 L 蒸馏水溶解。

氢氧化钾标准溶液的标定：准确称取在 105℃ 干燥至恒重的基准邻苯二甲酸氢钾 0.06 g，加新煮过并冷却的蒸馏水 50 mL，振摇，使其尽量溶解。加酚酞指示液 2 滴，用氢氧化钾标准溶液滴定至溶液显粉红色。至少重复测定 3 次。根据氢氧化钾标准溶液的消耗量与邻苯二甲酸氢钾的取用量，算出氢氧化钾标准溶液的浓度，计算公式如下：

$$C(\text{mol/L}) = \frac{m}{(V_1 - V_2) \times 0.204\,2}$$

式中：M——邻苯二甲酸氢钾的质量，g；

V_1——滴定消耗的氢氧化钾标准溶液的体积，mL；

V_2——空白消耗的氢氧化钾标准溶液的用量，mL；

0.204 2——与 1.00 mL 氢氧化钾标准溶液(1.000 mol/L)相当的邻苯二甲酸氢钾的质量，g。

(3)中性乙醚-乙醇混合液　按乙醚:乙醇 = 2:1 的比例混合后，用 0.05 mol/L 的氢氧化钾溶液中和至酚酞指示剂显微红即可。

2. 仪器

滴定管，三角瓶。

三、操作步骤

准确称取混匀的待测植物油样品 3～5 g 于三角瓶中，加入 50 mL 中性乙醚-乙醇混合液，振摇使植物油溶解，然后加入 2～3 滴酚酞指示剂，再用标定过的 0.05 mol/L 氢氧化钾标准溶液滴定至出现微红色且 30 s 内不褪色，记录所消耗的碱液体积(V, mL)。同时做试剂空白的测定。

每个样本平行测定至少 3 次。

四、结果计算

按下式计算油脂的酸价(AV)：

$$AV(\text{mg/g}) = \frac{V \times C \times 56.1}{m}$$

式中：V——滴定样品所消耗的氢氧化钾标准溶液的体积，mL；

C——氢氧化钾标准溶液的浓度，mol/L；

m——待测样品质量，g；

56.1——KOH 的摩尔质量，g/mol。

【注意事项】

1. 试验中加入中性乙醚-乙醇混合液可以使碱和游离脂肪酸的反应在均匀状态下进行，以防止反应生成的脂肪酸钾盐离解。

2. 深色油或者其他酸价高的油脂可以通过减少样品用量或者适当增大碱液浓度来测定。

3. 由于蓖麻油不溶于乙醚，测定蓖麻油的酸价时，要用中性乙醇来替代中性乙醚-乙醇混合液。

【思考题】

1. 试验中做空白对照的目的是什么？

2. 酸价的定义是什么？

Ⅱ 过氧化值的测定

一、实验原理

油脂在酸败过程中，不饱和脂肪酸被氧化形成过氧化物。过氧化值（POV 值）是指 100 g 油脂中所含有的过氧化物在酸性环境下，与碘化钾作用时析出碘的克数。POV 值是油脂酸败的中间产物，常以该值作为油脂开始败坏的标志。

二、试剂

（1）0.002 mol/L 的硫代硫酸钠标准溶液

①配制：溶解 25 g 硫代硫酸钠在 500 mL 新煮沸并冷却的蒸馏水中，加 0.11 g 碳酸钠，用新煮沸并冷却的蒸馏水稀释至 1 L，静置 24 h，溶液贮存在密闭的玻璃瓶中。

②标定：准确称取 0.2 g 经 120 ℃干燥 4 h 的基准重铬酸钾于 250 mL 具塞的三角瓶中，加 100 mL 水溶解，快速加入 3 g 碘化钾、2 g 碳酸氢钠和 5 mL 盐酸，立即塞好塞子，充分混匀，在暗处静置 10 min。用水洗涤塞子和三角瓶壁，用硫代硫酸钠标准溶液滴定至溶液呈黄绿色。加 2 mL 10 g/L 的淀粉指示液，继续滴定至蓝色消失，出现亮绿色为止。至少重复测定 3 次。根据硫代硫酸钠标准溶液的消耗量与重铬酸钾的取用量，计算出硫代硫酸钠标准溶液的浓度，计算公式如下：

$$C(\text{mol/L}) = \frac{m}{(V_1 - V_2) \times 0.049\ 03}$$

式中：m——重铬酸钾的质量，g；

$\quad V_1$——滴定消耗的硫代硫酸钠标准溶液的体积，mL；

$\quad V_2$——空白消耗的硫代硫酸钠标准溶液的体积，mL；

$\quad$0.049 03——与 1.00 mL 硫代硫酸钠标准滴定溶液（1.000 mol/L）相当的重铬酸钾的质量，g。

（2）氯仿-冰乙酸混合液 取氯仿 40 mL 加冰乙酸 60 mL，混匀。

（3）饱和碘化钾溶液 称取 14 g 碘化钾，加 10 mL 水溶解。必要时可微热使其溶解，冷却后贮于棕色瓶中，临用新配。

（4）10 g/L 淀粉指示剂 称取可溶性淀粉 0.5 g，加少许水，调成糊状，倒入 50 mL 沸水调匀，煮沸。临用时现配。

三、操作步骤

称取混合均匀的油样 2~3 g 于 250 mL 干燥的碘量瓶中，加入 30 mL 氯仿-冰乙酸混合液，轻轻摇动充分混合，溶解油样；加入 1 mL 饱和碘化钾溶液，加塞后摇匀 0.5 min，在暗处放置 5 min；取出碘量瓶，立即加入 100 mL 蒸馏水，充分混合后，立即用 0.002 mol/L 的硫代硫酸钠标准溶液滴定至水层呈浅黄色时，加入 1 mL 淀粉指示剂，继续滴定至蓝色消失为止，记下体积 V_1（mL）；同时做试剂空白试验，记下体积 V_2（mL）。

每个样本平行测定至少 3 次。

四、结果计算

按下式计算油样的 POV 值：

$$POV（g/100\ g）= \frac{(V_1 - V_2) \times c \times 0.126\ 9}{m} \times 100$$

式中：V_1——样品消耗硫代硫酸钠标准溶液的体积，mL；

V_2——试剂空白消耗硫代硫酸钠标准溶液体积，mL；

c——硫代硫酸钠标准溶液的浓度，mol/L；

m——样品的质量，g；

0.126 9——与 1.00 mL 的硫代硫酸钠标准（1.000 mol/L）相当的碘的质量，g。

【注意事项】

1. 日光能促进硫代硫酸钠溶液分解，因此该标准溶液应装于棕色瓶中保存。

2. 氯仿不得含有光气等氧化物，否则应进行处理。常加入 1% 乙醇以破坏可能生成的光气。

3. 淀粉指示剂应是新配制的。最好在接近滴定终点时加入，即在硫代硫酸钠标准溶液滴定碘至浅黄色时再加入淀粉，否则碘和淀粉吸附太牢，到终点时颜色不易褪去，致使终点出现过迟，使测定结果偏高。

4. 碘与硫代硫酸钠的反应必须在中性或弱酸性溶液中进行。因为在碱性溶液中碘与硫代硫酸钠将发生副反应；在强酸性溶液中，硫代硫酸钠会发生分解，且碘离子在强酸性溶液中易被空气中的氧氧化。为防止碘被空气氧化，将加入碘化钾的锥形瓶放在暗处，避免阳光照射；析出碘单质后，应立即用硫代硫酸钠标准溶液滴定，滴定速度应适当快些。

5. 饱和碘化钾溶液中不可存在游离碘、碘酸盐。加入碘化钾后，静止时间长短以及加水量多少，对测定结果均有影响。因此，应严格按照操作步骤进行操作。

6. 过氧化值过低时，可以改用更低浓度的硫代硫酸钠标准溶液进行滴定。

【思考题】

硫代硫酸钠标准溶液为什么要标定？

Ⅲ 丙二醛的测定

一、实验原理

植物油中不饱和脂肪酸氧化而发生酸败反应，分解出醛、酸类的化合物，丙二醛（MDA）是其中一种，其含量多少可以代表油脂酸败的程度。硫代巴比妥酸（TBA）试剂与丙二醛可以生成红色复合物，颜色的深浅与油脂酸败程度呈正相关。

二、试剂与仪器

1. 试剂

（1）2 g/L 硫代巴比妥酸　准确称取硫代巴比妥酸 2 g 溶于水中，并稀释至 1 L（如 TBA 不易溶解，可加热至全溶澄清，然后稀释至 1 L）。

（2）200 g/L 三氯乙酸　称取 200 g 三氯乙酸定容于 1 L 水中。

（3）0.1 mol/L 盐酸　取浓盐酸 9 mL，定容到 1 L，摇匀，密闭保存。

2. 仪器

分光光度计，恒温水浴锅，离心机。

三、操作步骤

称取食用植物油 0.1 g 于 10 mL 离心管中，加 2 g/L 硫代巴比妥酸 5 mL，200 g/L 的三氯乙酸 2 mL，盖上离心管，沸水浴中回流 25 min，冷却后加 0.1 mol/L 的盐酸 3 mL 冲洗离心管盖和管壁，2 000 r/min 离心分离 15 min，取上清液于 535 nm 波长测定吸光值。

四、结果计算

按下式计算样品的 TBA 值：

$$TBA = E_{1cm\,535nm}^{1\%} \times 46$$

式中：$E_{1cm\,535nm}^{1\%}$——在 535 nm 波长下 1 cm 比色杯，样品浓度为 1% 的光密度；

46——换算系数。

【注意事项】

1. 可溶性糖与 TBA 显色反应的产物在 532 nm 也有吸收（最大吸收在 450 nm），当植物处于干旱、高温、低温等逆境时可溶性糖含量会增高，必要时要处理掉可溶性糖的干扰。

2. 低浓度的铁离子能增强丙二醛与 TBA 的显色反应，当植物组织中铁离子浓度过低时应补充铁离子（最终浓度为 0.5 n mol /L）。

3. 如待测液混浊，可适当增加离心力及时间，最好使用低温离心机离心。

【思考题】

1. 为什么通过测定丙二醛可以判断肉是否腐败？
2. 测定丙二醛的原理是什么？

Ⅳ 羰基价的测定

一、实验原理

油脂氧化生成过氧化物进一步分解为含羰基的化合物，这些二次产物中的羰基化合物(醛、酮类化合物)的量就是羰基价。羰基价用 1 000 g 试样中含羰酰基的摩尔数或含量(%、mg/g)等表示，羰基价的大小代表油脂的酸败程度，也是油脂氧化酸败的灵敏指标。羰基化合物和 2,4 -二硝基苯肼作用生成苯腙，在碱性溶液中形成醌离子，呈褐红色或酒红色，颜色的深浅与羰糖基化化合物的含量成正比，在 440 nm 测定吸光度，与标准比较定量，计算羰基价。

二、试剂与仪器

1. 试剂

(1)精制乙醇　取 1 000 mL 无水乙醇于 2 000 mL 圆底烧瓶中，加入 5 g 铝粉、10 g 氢氧化钾，接好回流冷凝管，80～85 ℃水浴加热回流 1 h，然后用全玻璃蒸馏装置蒸馏收集馏液。

(2)精制苯　取 500 mL 苯于 1 000 mL 分液漏斗中，加入 50 mL 浓硫酸，小心振摇 5 min，开始振摇时注意放气。静置分层，弃去下层的硫酸，再加 50 mL 硫酸重复处理 1 次，将上层的苯移入另一分液漏斗，用水洗涤 3 次，然后经无水硫酸钠脱水，用全玻璃蒸馏装置蒸馏收集馏液。

(3)2,4 -二硝基苯肼溶液　称取 50 mg 2,4 -二硝基苯肼，溶于 100 mL 精制苯中。

(4)三氯乙酸溶液　称取 4.3 g 三氯乙酸，加 100 mL 精制苯溶解。

(5)氢氧化钾-乙醇溶液　称取 4 g 氢氧化钾，加 100 mL 精制乙醇使其溶解，置冷暗处过夜，取上清液使用。溶液变黄褐色则应重新配置。

2. 仪器

分光光度计。

三、操作步骤

称取 0.025～0.5 g 试样于小烧杯中，加适量苯溶解后定容于 25 mL 容量瓶中。吸取 5.0 mL 样液于 25 mL 具塞试管中，加 3 mL 三氯乙酸溶液及 5 mL 2,4 -二硝基苯肼溶液，振摇混匀，在 60 ℃水浴中加热 30 min，冷却后沿试管内壁慢慢加入 10 mL 氢氧化钾-乙醇溶液，使成为二液层，塞紧塞子，剧烈振摇混匀，放置 10 min。用试剂空白调零，在 440 nm 波长测定吸光度。

四、结果计算

按下式计算样品的羰基价：

$$X = \frac{A}{854 \times m \times V_1/V_1} \times 1\,000$$

式中：X——试样的羰基价，mg/kg；

A——测定时样液的吸光度；

m——试样质量，g；

V_1——试样稀释后的总体积，mL；

V_2——测定所用试样稀释液的体积，mL；

854——各种醛的毫克当量吸光系数的平均值。

【注意事项】

1. 精制乙醇的目的是因为乙醇中往往混有醇类的氧化产物（如醛类等），对本实验有干扰，利用氢的强还原性，可以除去羰基化合物。在回流时还有氢气不断从溶液中逸出。

2. 苯中若含有干扰物质时，可用浓硫酸洗涤苯，然后蒸馏收集；也可 1 L 苯加入 2,4-二硝基苯肼 5 g、三氯乙酸 1 g、回流 60 min 后，蒸馏、收集。

3. 2,4-二硝基苯肼较难溶于苯，配制时应充分搅拌，必要时过滤使溶液中无固形物。

4. 三氯乙酸是比乙酸酸性更强的有机酸，三氯乙酸的苯溶液是反应的酸性介质，对生成腙的反应有催化作用。

5. 氢氧化钾-乙醇溶液极易变褐，并且新配制的溶液往往浑浊。本实验要求试液清澈透明无色，一般是配制后过夜，使用时取上清液，也可用玻璃纤维滤膜过滤。

【思考题】

1. 测定羰基价利用的是什么原理？
2. 精制乙醇、苯的目的是什么？

（王　军）

实验二十　鲜肉新鲜度的检验

屠宰后的动物肉类，一般经过肉的僵直、成熟、自溶和腐败 4 个连续的变化过程。一般认为，前两个阶段的肉是新鲜的。自溶现象的出现标志着肉类腐败变质的开始。肉品的新鲜程度是衡量肉品是否符合食用要求的客观标准。

实验目的

掌握感官评价肉品新鲜程度的方法；掌握 pH 值、蛋白沉淀、挥发性盐基氮的测定原理和判断肉品是否新鲜的标准。

Ⅰ　感官评价

感官评价主要是从肉品的色泽、黏度、弹性、气味、滋味和煮沸后肉汤透明度等方面来判定肉的新鲜程度。

一、实验原理

一般肉的颜色因动物的种类、性别、年龄、肥度、经济用途、宰前状态而异，也和放血、冷却、结冻、融冻等加工情况有关；又以肉里发生的各种生化过程（如发酵、自体分解、腐败等）为转移。

各种屠畜的鲜肉各有其特有的气味，但肉经贮藏后会逐渐失去原有的风味。

嫩度常指煮熟肉的品质柔软、多汁和易被嚼烂。在口腔的感觉上可包含开始时牙齿咬入肉内是否容易；肉是否易裂成碎片；咀嚼后剩渣的分量。

肉的弹性是指肉在加压时缩小、去压时又复原的程度的能力。

二、操作步骤

1. 鲜肉的颜色

各种牲畜的新鲜肉应具有其特有的红色，除水牛肉（肌肉暗红带蓝紫色，脂肪为灰白色）外，不应发暗色或灰色。鲜肉久置空气后，由于肌红蛋白变成氧合肌红蛋白而使肉色暗红。

检验时，在自然光线下观察，注意肉的外部状态，并确定肉深层组织的状态及发黏的程度。

2. 鲜肉的气味

检验时，首先判定肉的外部气味，然后用刀剖开立即判定肉深部的气味，应特别注意骨骼周围肌层的气味，因为这些部位易较早地进入腐败。气味的判定宜在 15 ~ 20 ℃的温度下进行，因为在较低的温度下，气味不易挥发。在检查大批肉样时，应先检查腐败程度较轻的肉样。

3. 鲜肉的嫩度

煮熟肉的品质柔软、多汁和易被嚼烂，在口腔的感觉上可包含 3 个方面：开始时牙齿咬入肉内是否容易；肉是否易裂成碎片；咀嚼后剩渣的分量。

4. 鲜肉的弹性

检验时用手指压肉的表面，观察指压凹复平的速度。

5. 煮沸后肉汤的检查

称取 20 g 切碎的肉样品于 200 mL 烧杯中，加入 100 mL 水，用表面皿盖上，加热至 50 ~ 60 ℃，开盖检查气味；继续加热煮沸 20 ~ 30 min，检查肉汤的气味、滋味和透明度，以及脂肪的气味和滋味。

三、各种牲畜肉的特征

猪肉：呈淡红色至暗红色，肌纤维细致而柔软，肌间有丰富的脂肪，切面油亮，具特有的气味。脂肪为纯白色，质坚硬而脆，揉搓时易碎散不黏腻。

牛肉：呈微红色，组织硬而有弹性，纤维较细，肌间有脂肪，具特有的气味。脂肪组织呈类黄色，质地坚硬，揉搓时易碎散不黏腻。

绵羊肉：呈淡红色或暗红色，质地坚较结实，纤维较细嫩，有一种特殊风味，肌间脂肪少。脂肪纯白色，质坚硬而脆，揉搓时易碎散不黏腻。

山羊肉：色较绵羊肉深，呈暗红色，质地结实，纤维较绵羊肉粗，肌间脂肪少。脂肪呈白色，质地坚硬而脆，多蓄积于腹腔，皮下脂肪少，具有山羊特有的气味。

马肉：呈暗红色或棕红色，久置于空气中色渐变暗，肌纤维较牛肉为粗，质地松软，肌肉内结缔组织较多，质硬，肌膜明显，肌间无脂肪，具微酸气味。脂肪柔软略带黄色，搓揉时稍有融化和黏腻。

狗肉：色暗褐，质结实，纤维细，肌间有少量脂肪。脂肪灰白色，质地柔软滑润。

兔肉：色灰白或淡红，肉质柔软，具有一种特殊清淡风味，肌间脂肪少。

四、评判标准

鲜肉的颜色：新鲜肉外表覆有一层淡玫瑰色或淡红色干膜，触摸时发沙沙声，新切开的表面轻度湿润，但不发黏，具有各种牲畜肉特有的色泽，肉汁透明；开始腐败肉外表干硬皮呈暗红色，切面暗而湿润，轻度发黏，肉汁浑浊；变质肉表面呈灰色或灰绿色，新切面呈暗色，浅灰绿色或黑色，触摸很湿、发黏。

鲜肉的气味：新鲜肉气味良好，具有各种畜肉的固有气味；开始腐败的肉发出微酸气味，或微有腐败的气味，有时外面腐败，深部尚无腐败气味；变质肉的深部也有显著的腐败气味。

鲜肉的嫩度：受动物的种类、品种、性别、年龄等因素影响，如猪肉及羊肉较嫩，牛肉与马肉较粗，肉的嫩度随动物的年龄增加而降低。

鲜肉的弹性：新鲜肉富有弹性，解湿紧密，指压凹很快复平；次鲜肉弹性较差，指压凹慢慢复平(在 1 min)；变质肉指压凹往往不复平。

煮沸后肉汤的检查：新鲜肉的肉汤透明、芳香，具有令人愉快的气味，脂肪有适口的气味和滋味，大量集中于汤面上；次鲜肉的肉汤浑浊、无香味，常带有酸败气味，肉汤表面油滴小，有油哈喇味；变质肉的肉汤极浑浊，汤内浮有絮片或碎片，有显著的酸败腐败臭味，肉汤表面几乎无油滴，具有酸败脂肪气味。

【思考题】

感官评价从哪几个方面如何判断肉的新鲜度？

Ⅱ pH 值

一、实验原理

牲畜生前肌肉的 pH 值为 7.1 ~ 7.2，屠宰后由于肌肉代谢过程发生改变，肌糖原剧烈分解，乳酸和磷酸逐渐聚积，使肉的 pH 值下降，如宰后 1 h 的热鲜肉，pH 值可降到 6.2 ~ 6.3，经 24 h 后降至 5.6 ~ 6.0，能一直维持到肉发生腐败分解前，因此新鲜肉的肉浸液其 pH 值一般在 5.8 ~ 6.8 的范围内。肉腐败时，由于肉中蛋白质在细菌酶的作用下，被分解为氨和胺类等碱性物质，所以使肉趋于碱性，pH 值显著增高，可作为检查肉类新鲜度的一个指标。

二、试剂

(1)20 ℃时，pH 4.00 缓冲溶液 称取邻苯二甲酸氢钾 10.211 g(预先在 125 ℃烘干至恒重)溶于水中，稀释至 1 000 mL，该溶液的 pH 值在 10 ℃时为 4.00，在 30 ℃时为 4.01。

(2)20 ℃时，pH 5.45 缓冲溶液 取 0.2 mol/L 的柠檬酸水溶液(称取柠檬酸 38.4 g 定容 1 L 水中)500 mL 和 0.2 mol/L 的氢氧化钠溶液(称取氢氧化钠 8 g 定容于 1 L 水中)375 mL 混匀，该溶液的 pH 值在 10 ℃时为 5.42，在 30 ℃时为 5.48。

(3)20 ℃时，pH 6.88 缓冲溶液 取磷酸二氢钾 3.402 g 和磷酸氢二钠 3.549 g，溶解于水中，稀释至 1 000 mL，该溶液的 pH 值在 10 ℃时为 6.92，在 30 ℃时为 6.85。

三、操作步骤

1. 肉浸液的制备

(1)采肉 用剪子自肉检样的不同部位采取无筋腱、无脂肪的肌肉 10 g，再剪成豆粒大小的碎块，装入 300 mL 的三角烧瓶中。

(2)浸泡 取经过再次煮沸后冷却的蒸馏水 100 mL，注入盛有碎肉的三角烧瓶中，浸渍 15 min(每 5 min 振荡 1 次)。

（3）过滤　先将放在玻璃漏斗中的滤纸用蒸馏水浸湿，然后再将上述肉浸液倒入漏斗中，把滤液倒入 200 mL 量筒中过滤，记录前 5 min 内获得的滤液量。

一般说来，肉越新鲜过滤速度越快，肉浸液越透明，色泽也正常。新鲜的猪肉肉浸液几乎无色透明或具有淡的乳白色；牛、羊肉的肉浸液呈透明的麦秆黄色。次鲜肉的浸液则呈微混浊；变质肉的浸液呈灰粉红色，且混浊。

2. pH 值的测定

将酸度计调零、校正、定位，然后将玻璃电极和参比电极插入容器内的肉浸液中，按下读数开关，读取 pH 值，即为该肉浸液的 pH 值。

3. 判定标准

新鲜肉：pH 5.8～6.2；

次新鲜肉：pH 6.3～6.6；

变质肉：pH 6.7 以上。

【注意事项】

复合或玻璃电极在使用、校正、测定前后应用蒸馏水充分洗涤，然后用滤纸将电极吸干，再进行测定。现在使用的都是数字式的。

【思考题】

动物性食品 pH 值测定的意义是什么？

Ⅲ　蛋白沉淀

一、实验原理

肌肉中的球蛋白在碱性环境呈可溶解状态，而在酸性条件下不溶解。新鲜肉呈酸性，因此在其肉浸液中无球蛋白存在。肉在腐败过程中，由于大量肌碱的形成，环境显著变碱性，因此使肉中球蛋白在制作肉浸液时溶解于浸液中，而且肉的腐败越严重，溶液中球蛋白的含量就越多，因此可以根据肉浸液中有无球蛋白和球蛋白的多少来检验肉品的质量。蛋白质在碱性溶液中能和重金属离子结合形成蛋白质盐而沉淀，选用 10% 硫酸铜做试剂，Cu^{2+} 和其中的球蛋白结合形成蛋白质盐而沉淀。这样，就可以根据沉淀的有无和沉淀的数量判定肉的新鲜度。

二、试剂

10% 硫酸铜溶液：称取硫酸铜 10 g 溶于 100 mL 蒸馏水中即成。

三、操作步骤

(1)按"Ⅱ　pH值"的操作步骤中的"肉浸液的制备"方法进行肉浸液的制备。

(2)取小试管2支,一支注入肉浸液2 mL;另一支注入蒸馏水2 mL作为对照。

(3)用吸管吸取10%硫酸铜溶液向上述两试管中各滴入5滴,充分振荡后观察。

四、判定标准

新鲜肉:液体呈紫蓝色,并完全透明。

次鲜肉:液体呈微弱或轻度混浊,有时有少量悬浮物。

变质肉:液体混浊,有白色沉淀。

【思考题】

1. 硫酸铜的作用是什么?

2. 肌肉中的球蛋白在什么条件下容易溶解在浸提液中?

Ⅳ　挥发性盐基氮

一、实验原理

挥发性盐基氮是动物性食品在腐败过程中,由于酶和细菌的作用,使蛋白质分解而产生胺类等碱性含氮物质(如酪胺、组胺、尸胺、腐胺等),也称为碱性总氮。这些碱性含氮物质在碱性环境中具有挥发性,在碱性溶液中游离并被蒸馏出来,经硼酸溶液吸收,用盐酸或硫酸标准溶液滴定,即可计算挥发性盐基氮的含量。正是因为挥发性盐基氮与动物性食品腐败变质程度之间有明确的对应关系,即肉品中所含挥发性盐基氮的量随着腐败的进行而增加。因此,挥发性盐基氮含量的测定是衡量肉品新鲜程度的重要指标之一。

二、试剂与仪器

1. 试剂

(1)10 g/L氧化镁悬液　称取1.0 g氧化镁,加100 mL水,振摇成混悬液。

(2)20 g/L硼酸吸收液　称取4.0 g硼酸,加200 mL水,混匀。

(3)甲基红-次甲基蓝混合指示剂　甲基红乙醇溶液(2 g/L)与次甲基蓝溶液(1 g/L)使用时将两液等量混合,即为混合指示剂。

(4)0.01 mol/L的盐酸　吸取浓盐酸0.85 mL,注入含少量水的烧杯中,注入1 000 mL容量瓶中,加水定容。用基准碳酸钠标定。

(5)无氨蒸馏水　每升普通蒸馏水中加25 mL的5%氢氧化钠溶液再煮沸1 h即可获得。

2. 仪器

半微量凯氏定氮仪，微量滴定管。

三、操作步骤

（1）按"Ⅱ　pH 值"操作步骤中的"肉浸液的制备"方法进行肉浸液的制备，滤液置于冰箱中备用。

（2）凯氏定氮仪的安装　连接好凯氏定氮仪，将盛有 10 mL 硼酸吸收液及 5～6 滴混合指示液的三角瓶置于冷凝管下端，并使其端口插入吸收液的液面下。

（3）蒸馏、滴定　准确吸取 5.0 mL 肉浸滤液于蒸馏器反应室内，加 5 mL 的 10 g/L 氧化镁悬液，迅速盖塞，并加水封口，通入蒸汽，蒸馏 5 min 即停止。吸收液用盐酸标准溶液滴定至蓝紫色为终点。

同时做试剂空白试验。

四、结果计算

按下式计算样品的新鲜度：

$$X = \frac{(V_1 - V_2) \times c \times 14}{m \times \dfrac{5}{100}} \times 100$$

式中：X——样品中挥发性盐基氮的含量，mg/100 g；

　　　V_1——测定用样液所消耗盐酸标准溶液的体积，mL；

　　　V_2——空白试验所消耗盐酸标准溶液体积，mL；

　　　c——盐酸标准溶液的摩尔浓度，mol/L；

　　　m——样品质量，g；

　　　14——1.00 mL 盐酸标准溶液$[c(\mathrm{HCl}) = 1.000\ \mathrm{mol/L}]$相当的氮的质量，mg。

【注意事项】

半微量蒸馏器在使用前用蒸馏水并通入水蒸气对其内室充分洗涤 2～3 次，空白试验稳定后才能开始实验。

实验操作结束后，用稀硫酸并通入水蒸气对蒸馏器室内残留物洗涤，然后用蒸馏水同样洗涤。

每个样品测定前也要用蒸馏水洗涤仪器 2～3 次。

挥发性盐基氮能比较有规律地反映肉品新鲜度，并与感官评价一致，是评定肉品新鲜度的客观指标，而其他几项指标只能作为参考指标。

【思考题】

挥发性盐基氮的测定原理是什么？

（王　军）

实验二十一 酱腌菜的检验(综合设计实验)

一、实验目的

1. 进一步理解食品分析与检验在食品质量评估和控制中的作用。

2. 加强食品加工工艺学、食品标准与法规等专业知识在食品分析检验中综合应用，培养学生综合应用知识分析问题、解决问题、资料查阅及应用的能力。

二、实验要求

1. 了解酱腌菜原辅料的组成和加工工艺。

2. 进一步掌握食品中硝酸盐、亚硝酸盐的形成机理、超标的危害、检测方法和进展。

3. 进一步掌握分光光度法、原子吸收分光光度法等基础实验技能。

(丁晓雯)

实验二十二　臭豆腐风味成分分析(综合设计实验)

一、实验目的
1. 进一步理解食品分析在食品质量控制中的作用。
2. 进一步培养所学专业知识在食品分析中综合应用的能力。

二、实验要求
1. 了解臭豆腐的原辅料组成和加工工艺。
2. 了解 GC－MS 的原理。

（丁晓雯）

第三章 附 录

一、常用洗涤液的配制和使用方法

1. 重铬酸钾-浓硫酸洗液

称取化学纯重铬酸钾 100 g 于 1 000 mL 烧杯中，加入 100 mL 水，微加热使重铬酸钾溶解，冷却后在玻棒搅拌下，缓缓倒入化学纯的浓硫酸约 900 mL（至总体积为 1 000 mL）。

溶液中开始加入浓硫酸时有沉淀析出，浓硫酸加到一定量后沉淀可溶解且剧烈发热，最后成深棕色溶液。室温冷却后，注入干燥的试剂瓶中盖严，备用。

该洗液具有很强的氧化性，能浸洗去绝大多数污物，可反复使用。当洗液呈墨绿色时，说明洗液已失效。

注意：由于该洗液的氧化作用比较慢，直接接触器皿要数分钟至数小时才能发挥作用；浸泡的器皿取出后要用自来水充分冲洗 7 ~ 10 次，最后用纯水淋洗 3 次晾干备用。该洗液有腐蚀性和毒性，使用时不要接触皮肤及衣物。用洗刷法或其他简单方法能洗去污物不要用此洗液洗涤。

2. 碱性乙醇洗涤液

取 120 g 氢氧化钠，用 120 mL 水溶解后，用 95% 乙醇稀释至 1 000 mL 即成。

该洗涤液用于清洗各种油污；由于碱对玻璃的腐蚀，具有磨口的玻璃器皿不能长期在该洗液中浸泡；该洗液须存放于胶塞瓶中，久置易失效。

3. 碱性高锰酸钾洗涤液

取 4 g 高锰酸钾溶于少量水后，加入 100 mL 10% 的氢氧化钠溶液（10% 的氢氧化钠的配制：称取 10 g 氢氧化钠，用水溶解，冷却后定容至 100 mL），混匀后装瓶备用。

该洗液有强碱性和氧化性，能浸洗去各种油污。洗后若容器壁上有褐色二氧化锰残留，可用 10% ~20% 稀盐酸或稀硫酸溶液洗去。该洗液可反复使用，直至碱性及紫色消失为止。

10% ~20% 稀盐酸或稀硫酸配制：取 27 ~54 mL 的 37% 的浓盐酸或取 10 ~20 mL 98% 的浓硫酸，加水稀释定容到 100 mL。

4. 酸性草酸或酸性羟胺洗涤液

称取 10 g 草酸或 1 g 盐酸羟胺，溶于 100 mL 20% 盐酸溶液中（20% 盐酸的配制：取 54 mL 37% 浓盐酸，加水稀释，定容至 100 mL），混匀后装瓶备用。

该洗液适合洗涤氧化性污染物。对玷污在器皿上的氧化剂，酸性草酸作用较慢，羟胺作用快且易洗净。

5. 硝酸-过氧化氢洗涤液

取 100 mL 的 15% ~20% 硝酸(15% ~20% 硝酸的配制：取 15.8 ~21.1 mL 95% 的浓硝酸，加水稀释，定容至 100 mL)，加入 100 mL 的 5% 过氧化氢(5% 过氧化氢的配制：取 16.7 mL 30% 过氧化氢，加水稀释，定容至 100 mL)，混匀后装瓶备用。

该洗液适合于浸洗特别顽固的化学污物，须贮于棕色瓶中，现配现用，久置易分解失效。

6. 强碱洗涤液

(1)稀碱洗涤液　称取 5 ~10 g 氢氧化钠(或碳酸钠、碳酸氢钠、磷酸钠、磷酸氢二钠)，加入约 80 mL 水溶解，冷却后，定容至 100 mL，混匀后装瓶备用。

该洗液常用于清洗普通油污器皿。用这种洗涤液时最好采用长时间(24 h)浸泡，或用热的溶液浸煮。

(2)浓碱洗涤液　称取 20 g 氢氧化钠，加入约 80 mL 水溶解，冷却后，定容至 100 mL，混匀后装瓶备用。

该洗液常用于清洗黑色焦油、硫污染的器皿，使用时要将洗液加热再用，这样才能得到较好的洗涤效果。

7. 强酸洗涤液

(1)稀硝酸洗涤液　配制浓度 10% ~20% 的硝酸溶液（10% ~20% 硝酸的配制：取 10.5 ~21.0 mL 95% 硝酸，加水稀释，定容至 100 mL)。该洗液主要用于清洗除去金属离子。一般浸泡器皿过夜，器皿取出用自来水冲洗，再用去离子水冲洗。

(2)稀盐酸或稀硫酸洗涤液　配制浓度 10% ~20% 的盐酸或硫酸溶液（10% ~20% 稀盐酸或稀硫酸配制：取 27 ~54 mL 的 37% 浓盐酸或取 10.2 ~20.4 mL 的 98% 浓硫酸，加水稀释，定容至 100 mL)。该洗液常用于清洗除去水垢或无机盐沉淀，如碳酸钙、二氧化锰、铁锈等。

二、实验室常用标准缓冲液的配制

1. 甘氨酸-盐酸缓冲液

0.2 mol/L 甘氨酸(相对分子质量 = 75.07)：称取 1.501 g 的甘氨酸，用水溶解，并定容至 100 mL。

0.2 mol/L 盐酸(相对分子质量 =36.46)：取 1.8 mL 的浓盐酸(37%)，加水稀释并定容至 100 mL。

根据所需缓冲液的 pH 值，按下表取 0.2 mol/L 甘氨酸 X mL + 0.2 mol/L 盐酸 Y mL，再加水稀释至 200 mL，缓冲液浓度为 0.05 mol/L。

pH	X	Y	pH	X	Y
2.0	50	44.0	3.0	50	11.4
2.4	50	32.4	3.2	50	8.2
2.6	50	24.2	3.4	50	6.4
2.8	50	16.8	3.6	50	5.0

2. 邻苯二甲酸－盐酸缓冲液

0.2 mol/L 邻苯二甲酸氢钾(相对分子质量 = 204.23)：称取 4.085 g 的邻苯二甲酸氢钾，用水溶解并定容至 100 mL。

0.2 mol/L 盐酸(相对分子质量 = 36.46)：取 1.8 mL 的浓盐酸(37%)，加水稀释并定容至 100 mL。

根据所需缓冲液的 pH 值，按下表取 0.2 mol/L 邻苯二甲酸氢钾 X mL + 0.2 mol/L 盐酸 Y mL，再加水稀释至 200 mL，缓冲液浓度为 0.05 mol/L。

pH	X	Y	pH	X	Y
2.2	50	40.7	3.2	50	14.7
2.4	50	39.6	3.4	50	9.9
2.6	50	33.0	3.6	50	6.0
2.8	50	26.4	3.8	50	2.6
3.0	50	20.2			

3. 磷酸氢二钠－柠檬酸缓冲液

0.2 mol/L 磷酸氢二钠(相对分子质量 = 141.98)：称取 2.839 g 的 Na_2HPO_4 或 3.561 g $Na_2HPO_4 \cdot 2H_2O$ 或 7.164 g $Na_2HPO_4 \cdot 12H_2O$，用水溶解并定容至 100 mL。

0.1 mol/L 柠檬酸(相对分子质量 = 192.14)：称取 1.921 g 的无水柠檬酸或 2.101 g 的一水合柠檬酸，用水溶解并定容至 100 mL。

根据所需缓冲液的 pH 值，按下表取 0.2 mol/L 磷酸氢二钠 X mL + 0.1 mol/L 柠檬酸 Y mL，混匀即得。

pH	X	Y	pH	X	Y
2.2	0.40	19.60	5.2	10.72	9.28
2.4	1.24	18.76	5.4	11.15	8.85
2.6	2.18	17.82	5.6	11.60	8.40
2.8	3.17	16.83	5.8	12.09	7.91
3.0	4.11	15.89	6.0	12.63	7.37
3.2	4.94	15.06	6.2	13.22	6.78
3.4	5.70	14.30	6.4	13.85	6.15
3.6	6.44	13.56	6.6	14.55	5.45
3.8	7.10	12.90	6.8	15.45	4.55
4.0	7.71	12.29	7.0	16.47	3.53
4.2	8.28	11.72	7.2	17.39	2.61
4.4	8.82	11.18	7.4	18.17	1.83
4.6	9.35	10.65	7.6	18.73	1.27
4.8	9.86	10.14	7.8	19.15	0.85
5.0	10.30	9.70	8.0	19.45	0.55

4. 柠檬酸-柠檬酸钠缓冲液

0.1 mol/L 柠檬酸(相对分子质量 = 192.14)：称取 1.921 g 的无水柠檬酸或 2.101 g 的一水合柠檬酸，用水溶解并定容至 100 mL。

0.1 mol/L 柠檬酸钠(相对分子质量 = 258.12)：称取 2.581 g 的无水柠檬酸钠或 2.941 g 二水合柠檬酸钠，用水溶解并定容至 100 mL。

根据所需缓冲液的 pH 值，按下表取 0.1 mol/L 柠檬酸 X mL + 0.1 mol/L 柠檬酸钠 Y mL，混匀即得，缓冲液浓度为 0.1 mol/L。

pH	X	Y	pH	X	Y
3.0	18.6	1.4	5.0	8.2	11.8
3.2	17.2	2.8	5.2	7.3	12.7
3.4	16.0	4.0	5.4	6.4	13.6
3.6	14.9	5.1	5.6	5.5	14.5
3.8	14.0	6.0	5.8	4.7	15.3
4.0	13.1	6.9	6.0	3.8	16.2
4.2	12.3	7.7	6.2	2.8	17.2
4.4	11.4	8.6	6.4	2.0	18.0
4.6	10.3	9.7	6.6	1.4	18.6
4.8	9.2	10.8			

5. 乙酸-乙酸钠缓冲液

0.3 mol/L 乙酸(相对分子质量 = 60.05)：取 1.75 mL 的冰乙酸(99%)，加水稀释并定容至 100 mL。

0.2 mol/L 乙酸钠(相对分子质量 = 82.03)：称取 1.64 g 的乙酸钠或 2.722 g 三水合乙酸钠，用水溶解并定容至 100 mL。

根据所需缓冲液的 pH 值，按下表取 0.3 mol/L 乙酸 X mL + 0.2 mol/L 乙酸钠 Y mL，混匀即得，缓冲液浓度为 0.2 mol/L。

pH	X	Y	pH	X	Y
2.6	9.25	0.75	4.8	4.10	5.90
3.8	8.80	1.20	5.0	3.00	7.00
4.0	8.20	1.80	5.2	2.10	7.90
4.2	7.35	2.65	5.4	1.40	8.60
4.4	6.30	3.70	5.6	0.90	9.10
4.6	5.10	4.90	5.8	0.60	9.40

6. 磷酸盐缓冲液

(1)磷酸氢二钠-磷酸二氢钠缓冲液

0.2 mol/L 磷酸氢二钠(相对分子质量 = 141.98)：称取 2.839 g 的 Na_2HPO_4 或 3.561 g 的 $Na_2HPO_4 \cdot 2H_2O$ 或 7.164 g 的 $Na_2HPO_4 \cdot 12H_2O$，用水溶解并定容至 100 mL。

0.2 mol/L 磷酸二氢钠（相对分子质量 = 120.00）：称取 2.400 g 的 Na_2HPO_4 或 3.121 g 的 $Na_2HPO_4 \cdot 2H_2O$，用水溶解并定容至 100 mL。

根据所需缓冲液的 pH 值，按下表取 0.2 mol/L 磷酸氢二钠 X mL + 0.3 mol/L 磷酸二氢钠 Y mL，混匀即得，缓冲液浓度为 0.2 mol/L。

pH	X	Y	pH	X	Y
5.8	8.0	92.0	7.0	61.0	39.0
5.9	10.0	90.0	7.1	67.0	33.0
6.0	12.3	87.7	7.2	72.0	28.0
6.1	15.0	85.0	7.3	77.0	23.0
6.2	18.5	81.5	7.4	81.0	19.0
6.3	22.5	77.5	7.5	84.0	16.0
6.4	26.5	73.5	7.6	87.0	13.0
6.5	31.5	68.5	7.7	89.5	10.5
6.6	37.5	62.5	7.8	91.5	8.5
6.7	43.5	56.5	7.9	93.0	7.0
6.8	49.0	51.0	8.0	94.7	5.3
6.9	55.0	45.0			

（2）磷酸氢二钠-磷酸二氢钾缓冲液（1/15 mol/L）

1/15 mol/L 磷酸氢二钠（相对分子质量 = 141.98）：称取 0.946 g 的 Na_2HPO_4 或 1.188 g $Na_2HPO_4 \cdot 2H_2O$，用水溶解，并定容至 100 mL。

1/15 mol/L 磷酸二氢钾（相对分子质量 = 136.09）：称取 0.907 g 的磷酸二氢钾，用水溶解并定容至 100 mL。

根据所需缓冲液的 pH 值，按下表取 1/15 mol/L 磷酸氢二钠 X mL + 1/15 mol/L 磷酸二氢钾 Y mL，混匀即得，缓冲液浓度为 1/15 mol/L。

pH	X	Y	pH	X	Y
4.92	0.10	9.90	7.17	7.00	3.00
5.29	0.50	9.50	7.38	8.00	2.00
5.91	1.00	9.00	7.73	9.00	1.00
6.24	2.00	8.00	8.04	9.50	0.50
6.47	3.00	7.00	8.34	9.75	0.25
6.64	4.00	6.00	8.67	9.90	0.10
6.81	5.00	5.00	8.18	10.00	0.00
6.98	6.00	4.00			

7. 磷酸二氢钾-氢氧化钠缓冲液

0.2 mol/L 磷酸二氢钾（相对分子质量 = 136.09）：称取 2.722 g 的磷酸二氢钾，用水溶解并定容至 100 mL。

0.2 mol/L 氢氧化钠（相对分子质量 = 40.01）：称取 0.8 g 的氢氧化钠，用水溶解并定容至 100 mL。

根据所需缓冲液的 pH 值，按下表取 0.2 mol/L 磷酸二氢钾 X mL + 0.2 mol/L 氢氧化钠 Y mL，再加水稀释至 200 mL，缓冲液浓度为 0.05 mol/L。

pH	X	Y	pH	X	Y
5.8	50	3.72	7.0	50	29.63
6.0	50	5.70	7.2	50	35.00
6.2	50	8.60	7.4	50	39.50
6.4	50	12.60	7.6	50	42.80
6.6	50	17.80	7.8	50	45.20
6.8	50	23.65	8.0	50	46.80

8. 巴比妥钠-盐酸缓冲液

0.04 mol/L 巴比妥钠(相对分子质量 = 206.18)：称取 0.825 g 的巴比妥钠，用水溶解并定容至 100 mL。

0.2 mol/L 盐酸(相对分子质量 = 36.46)：取 1.8 mL 的浓盐酸(37%)，加水稀释并定容至 100 mL。

根据所需缓冲液的 pH 值，按下表取 0.04 mol/L 巴比妥钠 X mL + 0.2 mol/L 盐酸 Y mL，混匀即得，缓冲液浓度为 0.04 mol/L。

pH	X	Y	pH	X	Y
6.8	100	18.40	8.4	100	5.21
7.0	100	17.80	8.6	100	3.82
7.2	100	16.70	8.8	100	2.52
7.4	100	15.30	9.0	100	1.65
7.6	100	13.40	9.2	100	1.13
7.8	100	11.47	9.4	100	0.70
8.0	100	9.39	9.6	100	0.35
8.2	100	7.21			

9. Tris-盐酸缓冲液

0.1 mol/L Tris(三羟甲基氨基甲烷，相对分子质量 = 121.14)：称取 1.212 g 的 Tris，用水溶解，并定容至 100 mL。

0.1 mol/L 盐酸(相对分子质量 = 36.46)：取 0.9 mL 的浓盐酸(37%)，加水稀释并定容至 100 mL。

根据所需缓冲液的 pH 值，按下表取 0.1 mol/L Tris X mL + 0.1 mol/L 盐酸 Y mL，再加水稀释至 100 mL，缓冲液的浓度为 0.05 mol/L。

pH	X	Y		pH	X	Y
7.10	50	45.7		8.10	50	26.2
7.20	50	44.7		8.20	50	22.9
7.30	50	43.4		8.30	50	19.9
7.40	50	42.0		8.40	50	17.2
7.50	50	40.3		8.50	50	14.7
7.60	50	38.5		8.60	50	12.4
7.70	50	36.6		8.70	50	10.3
7.80	50	34.5		8.80	50	8.5
7.90	50	32.0		8.90	50	7.0
8.00	50	29.2				

注：由于 Tris 溶液可从空气中吸收二氧化碳，使用后将瓶盖盖严。

10. 硼酸-硼砂缓冲液

0.05 mol/L 硼砂(相对分子质量 = 201.22)：称取 1.006 g 的 $Na_2B_4O_7$ 或 1.907 g $Na_2B_4O_7 \cdot 10H_2O$，用水溶解，并定容至 100 mL。

0.2 mol/L 硼酸(相对分子质量 = 61.84)：称取 1.236 g 的硼酸，用水溶解并定容至 100 mL。

根据所需缓冲液的 pH 值，按下表取 0.05 mol/L 硼砂 X mL + 0.2 mol/L 硼酸 Y mL，混匀即得，缓冲液浓度为 0.2 mol/L(以硼酸根计)。

pH	X	Y		pH	X	Y
7.4	1.0	9.0		8.2	3.5	6.5
7.6	1.5	8.5		8.4	4.5	5.5
7.8	2.0	8.0		8.7	6.0	4.0
8.0	3.0	7.0		9.0	8.0	2.0

11. 甘氨酸-氢氧化钠缓冲液

0.2 mol/L 甘氨酸(相对分子质量 = 75.07)：称取 1.501 g 的甘氨酸，用水溶解并定容至 100 mL。

0.2 mol/L 氢氧化钠(相对分子质量 = 40.01)：称取 0.8 g 的氢氧化钠，用水溶解并定容至 100 mL。

根据所需缓冲液的 pH 值，按下表取 0.2 mol/L 甘氨酸 X mL + 0.2 mol/L 氢氧化钠 Y mL，再加水稀释至 200 mL，缓冲液的浓度为 0.05 mol/L。

pH	X	Y		pH	X	Y
8.6	50	4.0		9.6	50	22.4
8.8	50	6.0		9.8	50	27.2
9.0	50	8.8		10.0	50	32.0
9.2	50	12.0		10.4	50	38.6
9.4	50	16.8		10.6	50	45.5

12. 碳酸钠‑碳酸氢钠缓冲液

0.1 mol/L 碳酸钠（相对分子质量 = 105.99）：称取 1.06 g 的 Na_2CO_3 或 2.862 g $Na_2CO_3 \cdot 10H_2O$，用水溶解并定容至 100 mL。

0.1 mol/L 碳酸氢钠（相对分子质量 = 84.01）：称取 0.84 g 的碳酸氢钠，用水溶解并定容至 100 mL。

根据所需缓冲液的 pH 值，按下表取 0.1 mol/L 碳酸钠 X mL + 0.1 mol/L 碳酸氢钠 Y mL，混匀即得，缓冲液的浓度为 0.1 mol/L。

pH		X	Y
20 ℃	37 ℃		
9.16	8.77	1	9
9.40	9.12	2	8
9.51	9.40	3	7
9.78	9.50	4	6
9.90	9.72	5	5
10.14	9.90	6	4
10.28	10.08	7	3
10.53	10.28	8	2
10.83	10.57	9	1

注：Ca^{2+}、Mg^{2+} 存在时不得使用该缓冲液。

三、实验室常用指示剂的配制

1. 实验室常用指示剂的配制

指示剂	变色范围 pH(约数)	低 pH 值色	高 pH 值色	配 制 方 法
0.25% 甲基紫	0.0~1.6	黄	紫蓝	称取 0.25 g 甲基紫溶于 100 mL 水中
0.1% 孔雀石绿	0.2~1.8	黄	蓝绿	称取 0.1 g 孔雀石绿溶于 100 mL 冰乙酸中
0.1% 百里酚蓝	1.2~2.8	红	黄	称取 0.1 g 百里酚蓝溶于 20 mL 无水乙醇中，加水定容至 100 mL；或取百里酚蓝 0.1 g，加 0.05 mol/L 氢氧化钠溶液 4.3 mL 使其溶解，再加水稀释至 200 mL
	8.0~9.6	黄	蓝	
0.1% 甲基黄	2.9~4.0	红	黄	称取 0.1 g 甲基黄溶于 90 mL 无水乙醇中，加水定容至 100 mL
0.1% 溴酚蓝	3.0~4.6	黄	紫	称取 0.1 g 溴酚蓝溶于 20 mL 无水乙醇中，加水定容至 100 mL；或取溴酚蓝 0.1 g，加 0.05 mol/L 氢氧化钠溶液 3.0 mL 使溶解，再加水稀释至 200 mL

（续）

指示剂	变色范围 pH(约数)	低 pH 值色	高 pH 值色	配 制 方 法
0.1%刚果红	3.0~5.2	蓝	红	称取 0.1 g 刚果红溶于 100 mL 水中
0.1%甲基橙	3.1~4.4	红	橙黄	称取 0.1 g 甲基橙，溶于 70 ℃的水中，冷却后加水定容至 100 mL
0.1%溴甲酚绿	3.8~5.4	黄	蓝绿	称取 0.1 g 溴甲酚绿溶于 20 mL 无水乙醇中，加水定容至 100 mL；或取溴甲酚绿 0.1 g，加 0.05 mol/L 氢氧化钠溶液 2.8 mL 使溶解，再加水稀释至 200 mL
0.1%甲基红	4.4~6.2	红	黄	称取 0.1 g 甲基红溶于 60 mL 无水乙醇中，加水定容至 100 mL
1%石蕊	4.5~8.3	红	蓝	称取石蕊粉末 1 g，加 50 mL 水溶解，静置一昼夜后过滤，在滤液中加入 30 mL 乙醇，加水定容至 100 mL
0.1%溴甲酚紫	5.2~6.8	黄	紫	称取 0.1 g 溴甲酚紫溶于 20 mL 无水乙醇中，加水定容至 100 mL；或取溴甲酚紫 0.1 g，加 0.02 mol/L 氢氧化钠溶液 20 mL 使溶解，再加水稀释至 100 mL
0.1%溴百里酚蓝	6.2~7.3	黄	蓝	称取 0.1 g 溴百里酚蓝(溴麝香草酚蓝)溶于 20 mL 无水乙醇中，加水定容至 100 mL；或取溴百里酚蓝 0.1 g，加 0.05 mol/L 氢氧化钠溶液 3.2 mL 使溶解，再加水稀释至 200 mL
0.1%中性红	6.8~8.0	红	黄橙	称取 0.1 g 中性红溶于 60 mL 无水乙醇中，加水定容至 100 mL
0.1% 酚酞	8.0~10.0	无色	粉红	称取 0.1 g 酚酞溶于 90 mL 无水乙醇中，加水定容至 100 mL
0.1%百里酚酞	9.4~10.6	无色	蓝	称取 0.1 g 百里酚酞溶于 90 mL 无水乙醇中，加水定容至 100 mL
0.1%茜素黄	10.1~12.1	黄	紫	称取 0.1 g 茜素黄 R 溶于 100 mL 温水中
0.1%达旦黄	12.0~13.0	黄	红	称取 0.1 g 达旦黄溶于 100 mL 水中

2. 混合指示剂配制

指示剂	变色点 pH	低pH 值色	高pH 值色	配 制	备注
甲基黄 - 次甲基蓝	3.3 .	蓝紫	绿	溶液Ⅰ：称取0.1 g甲基黄，溶于50 mL无水乙醇中，加水至100 mL；溶液Ⅱ：称取0.1 g次甲基蓝，溶于50 mL无水乙醇中，加水至100 mL；取10 mL溶液Ⅰ，10 mL溶液Ⅱ，混匀即得	pH 3.2蓝紫色 pH 3.4绿色
甲基橙 - 靛蓝	4.1	紫	绿	溶液Ⅰ：称取0.1 g甲基橙，溶于100 mL水中；溶液Ⅱ：称取0.25 g靛蓝二磺酸钠，溶于100 mL水中；取10 mL溶液Ⅰ，10 mL溶液Ⅱ，混匀即得	pH 3.1紫色 pH 4.1浅灰色 pH 4.4绿色
甲基橙 - 溴甲酚绿	4.3	橙	蓝绿	溶液Ⅰ：称取0.02 g甲基橙，溶于100 mL水中；溶液Ⅱ：称取0.1 g溴甲酚绿钠，溶于100 mL水中；取10 mL溶液Ⅰ，10 mL溶液Ⅱ，混匀即得	pH 3.5黄色 pH 4.05绿黄 pH 4.3浅绿
溴甲酚绿 -甲基红	5.1	酒红	绿	溶液Ⅰ：称取0.1 g溴甲酚绿，溶于20 mL无水乙醇中，加水至100 mL；溶液Ⅱ：称取0.2 g甲基红，溶于60 mL无水乙醇中，加水至100 mL；取30 mL溶液Ⅰ，10 mL溶液Ⅱ，混匀即得	pH 4.0橙色 pH 5.1灰色 pH 6.2绿色
甲基红 - 次甲基蓝	5.4	红紫	绿	溶液Ⅰ：称取0.2 g甲基红，溶于60 mL无水乙醇中，加水至100 mL；溶液Ⅱ：称取0.1 g次甲基蓝，溶于50 mL无水乙醇中，加水至100 mL；取10 mL溶液Ⅰ，10 mL溶液Ⅱ，混匀即得	pH 5.2红紫 pH 5.4暗蓝 pH 5.6绿色
溴甲酚绿 -绿酚红	6.1	黄绿	蓝紫	溶液Ⅰ：称取0.1 g溴甲酚绿钠，溶于100 mL水中；溶液Ⅱ：称取0.1 g绿酚红钠，溶于100 mL水中；取10 mL溶液Ⅰ，10 mL溶液Ⅱ，混匀即得	pH 5.6蓝绿 pH 5.8蓝色 pH 6.0浅紫 pH 6.2蓝紫
溴甲酚紫 -溴百里 酚蓝	6.7	黄	紫蓝	溶液Ⅰ：称取0.1 g溴甲酚紫钠，溶于100 mL水中；溶液Ⅱ：称取0.1 g溴百里酚蓝钠，溶于100 mL水中；取10 mL溶液Ⅰ，30 mL溶液Ⅱ，混匀即得	pH 6.2黄紫 pH 6.6紫 pH 6.8蓝紫
中性红 - 次甲基蓝	7.0	蓝紫	绿	溶液Ⅰ：称取0.1 g中性红，溶于60 mL无水乙醇中，加水至100 mL；溶液Ⅱ：称取0.1 g次甲基蓝，溶于50 mL无水乙醇中，加水至100 mL；取10 mL溶液Ⅰ，10 mL溶液Ⅱ，混匀即得	pH 7.0蓝紫
甲酚红 - 百里酚蓝	8.3	黄	紫	溶液Ⅰ：称取0.1 g甲酚红钠，溶于100 mL水中；溶液Ⅱ：称取0.1 g百里酚蓝钠，溶于100 mL水中；取10 mL溶液Ⅰ，30 mL溶液Ⅱ，混匀即得	pH 8.2玫瑰色 pH 8.3微红色 pH 8.4紫色

（续）

指示剂	变色点 pH	低 pH 值色	高 pH 值色	配　制	备注
百里酚蓝-酚酞	9.0	黄	紫	溶液Ⅰ：称取 0.1 g 百里酚蓝，溶于 50 mL 无水乙醇中，加水至 100 mL；溶液Ⅱ：称取 0.1 g 酚酞，溶于 50 mL 无水乙醇中，加水至 100 mL；取 10 mL 溶液Ⅰ，30 mL 溶液Ⅱ，混匀即得	pH 9.0 绿色
酚酞-百里酚酞	9.9	无	紫	溶液Ⅰ：称取 0.1 g 酚酞，溶于 50 mL 无水乙醇中，加水至 100 mL；溶液Ⅱ：称取 0.1 g 百里酚酞，溶于 50 mL 无水乙醇中，加水至 100 mL；取 10 mL 溶液Ⅰ，10 mL 溶液Ⅱ，混匀即得	pH 9.6 玫瑰红 pH 10.0 紫红
广谱混合指示剂	4～10	红	紫	称取百里酚蓝 0.01 g，溴百里酚蓝 1.20 g，甲基红 0.32 g，酚酞 1.20 g；然后研匀，用 200 mL 95% 乙醇溶解，加蒸馏水 150 mL 稀释，用 0.1 mol/L 的氢氧化钠溶液中和至溶液显绿色，加水定容至 400 mL	pH 4.0 红色 pH 5.0 橙色 pH 6.0 黄色 pH 7.0 绿色 pH 8.0 青色 pH 9.0 蓝色 pH 10.0 紫色

（张甫生）

参考文献

蔡智鸣，王振，史馨，等．2006．油炸及烧烤食品中丙烯酰胺的 HPLC 测定[J]．同济大学学报（医学版），27(5)：10 – 12．

巢强国．2006．食品质量检验——肉蛋及其制品类[M]．北京：中国计量出版社．

陈飞，吴立根．反式脂肪酸的检测方法研究进展[J]．农产品加工学刊，145(8)：88 – 89．

陈晓平，黄广民．2008．食品理化检验[M]．北京：中国计量出版社．

大连轻工业学院，华南理工大学．1994．食品分析[M]．北京：中国轻工业出版社．

丁晓雯，赵丹霞，侯大军．2008．加工条件对油条中丙烯酰胺含量的影响[J]．食品与发酵工业，34(12)：75 – 78．

高向阳．2006．食品分析与检验[M]．北京：中国计量出版社．

国家质量监督检验检疫总局．2003．GB/T 5009.48—2003　蒸馏酒及配制酒卫生标准的分析方法[S]．

国家质量监督检验检疫总局．2006．GB 15038—2006　葡萄酒、果酒通用分析方法[S]．

何秀丽．2007．油炸马铃薯片中丙烯酰胺测定方法及其形成的影响因素研究[D]．长沙：湖南农业大学．

河南农业大学．2003．动物性食品检验学[M]．北京：中国农业科学技术出版社．

侯曼玲．2004．食品分析[M]．北京：化学工业出版社．

侯玉泽，丁晓雯．2011．食品分析[M]．郑州：郑州大学出版社．

黄晓钰，刘邻渭．2009．食品化学与分析综合实验[M]．2 版．北京：中国农业大学出版社．

柯润辉，尹子波，张英，等．2010．气相色谱法测定焙烤食品中反式脂肪酸含量[J]．食品研究与开发(12)：165 – 168．

李凤玉，梁文珍．2009．食品分析与检验[M]．北京：中国农业大学出版社．

李军．2000．钼蓝比色测定还原型维生素 C[J]．食品科学(8)：42 – 45．

李明元，沈文．2004．食品卫生理化检验标准手册[M]．北京：中国标准出版社．

李薇．2007．食品中丙烯酰胺测定方法的探讨[J]．中国卫生检验杂志，17(9)：1613 – 1614．

李玉红．2002．钼蓝比色法测定水果中还原型维生素 C[J]．天津化工(1)：31 – 32．

刘长虹．2006．食品分析及实验[M]．北京：化学工业出版社．

刘杰．2009．食品分析实验[M]．北京：化学工业出版社．

刘兴友，刁有祥．2008．食品理化检验学[M]．北京：中国农业大学出版社．

刘秀梅，王君，李凤琴，等．2007．GB/T 5009.23—2006　食品中黄曲霉毒素 B_1、B_2、G_1、G_2 的测定[S]．北京：中国标准出版社．

鲁冬梅，严春荣，普伟民．2009．毛细管气相色谱法测定白酒中的甲醇、杂醇油[J]．云南化工，36(4)：48 – 51．

陆敏，张文娜，冯俊霞，等．2011．固相萃取 – HPLC 法测定 6 种油炸食品中的丙烯酰胺[J]．安徽农业科学，39(6)：3562 – 3566．

茅力，陆晓梅，杨叶，等．2009．高效液相色谱法检测淀粉类食品中丙烯酰胺的方法研究[J]．中国卫生检验杂志，19(4)：724 – 725，774．

倪昕路，韩丽，王传现，等．2008．傅立叶变换红外光谱法分析食品及油脂中反式脂肪酸[J]．中国卫生检验，18(2)：248 – 249．

宁正祥．2001．食品成分分析手册[M]．北京：中国轻工业出版社．

全国危险化学品管理标准化技术委员会．2010．GB/T 24777—2009　化学品理化及其危险性检测实验室安全要求[S]．北京：中国标准出版社．

佘锐萍．2000．动物产品卫生检验[M]．北京：中国农业大学出版社．

孙凤霞．2004．仪器分析[M]．北京：化学工业出版社．

汪东风．2006．食品科学实验技术[M]．北京：中国轻工业出版社．

汪浩明．2007．食品检验技术(感官评价部分)[M]．北京：中国轻工业出版社．

王爱华．2006．动物性食品卫生检验[M]．北京：化学工业出版社．

王启军．2010．食品分析实验[M]．北京：化学工业出版社．

王启军．2011．食品分析实验[M]．2版．北京：化学工业出版社．

王永华．2010．食品分析[M]．北京：中国轻工业出版社．

王远红，徐家敏．2006．食品检验与分析实验技术[M]．青岛：中国海洋大学出版社．

王肇慈．2000．粮油食品品质分析[M]．北京：中国轻工业出版社．

卫生部食品卫生监督检验所．2011．GB 5009.3—2010　食品中水分的测定[S]．北京：中国标准出版社．

卫生部政策法规司．2011．中华人民共和国食品安全国家标准汇编(2010年度下)[M]．北京：中国质检出版社，中国标准出版社．

吴广臣．2009．食品质量检验[M]．北京：中国计量出版社．

谢笔钧，何慧．2006．食品分析[M]．北京：科学出版社．

谢音，屈小英．2006．食品分析[M]．北京：科学技术文献出版社．

张珙．2006．食品中丙烯酰胺的测定方法[J]．卫生研究，35(4)：516-520．

张辉珍，马爱国，孙永叶，等．2008．食品中丙烯酰胺测定的前处理条件和色谱条件优化[J]．食品科学，29(4)：278-282．

张齐，蔡明招，朱志鑫．2006．食品中丙烯酰胺分析的样品前处理技术[J]．食品科技(7)：221-224．

张水华．2006．食品分析实验[M]．北京：化学工业出版社．

张水华．2008．食品分析[M]．北京：中国轻工业出版社．

张拥军．2007．食品卫生与检验[M]．北京：中国计量出版社．

章银良．2006．食品检验教程[M]．北京：化学工业出版社．

赵国华．2009．食品化学实验原理与技术[M]．北京：化学工业出版社．

郑京平．2006．水果、蔬菜中维生素C含量的测定——紫外分光光度快速测定法探讨[J]．光谱实验室，4：731-735．

郑娜，管春梅，冯清茂，等．2009．固相萃取-高效液相色谱法测定食品中丙烯酰胺含量[J]．中国卫生检验杂志，19(1)：92-94．

中国标准出版社第一编辑室．2009．中国食品工业标准汇编　食用油及其制品卷[M]．北京：中国农业大学出版社．

中华人民共和国国家发展和改革委员会．2008．HG/T 4105—2008　酸碱指示剂pH变色域测定通用方法[S]．北京：中国标准出版社．

中华人民共和国国家质量监督检验检疫总局．2002．GB/T 603—2002　试验方法中所用制剂及制品的制备[S]．北京：中国标准出版社．

中华人民共和国国家质量监督检验检疫总局．2003．GB/T 5009.1—2003　食品卫生检验方法—理化部分总则[S]．北京：中国标准出版社．

朱坚，邓晓军．2007．食品安全监测技术[M]．北京：化学工业出版社．

朱新荣，胡筱波，潘思轶．2008．食品反式脂肪酸检测方法研究进展[J]．粮食与油脂(5)：34-38．

(美)尼尔森(Nielsen S S)．2009．食品分析实验指导[M]．杨严峻，译．北京：中国轻工业出版社．

GB/T 5009.29—2003　食品中山梨酸、苯甲酸的测定[S]．

GB 5009.4—2010　食品安全国家标准 食品中灰分的测定[S]．

GB 5009.5—2010　食品安全国家标准 食品中蛋白质的测定[S]．

GB 5009.5—2010　食品中蛋白质的测定[S]．

GB 5413.18—2010　食品安全国家标准 婴幼儿食品和乳品中维生素C的测定[S]．

GB/T 14553—2003　粮食、水果和蔬菜中有机磷农药测定的气相色谱法[S]．